博碩文化

社群行銷

指尖商機╳精準行銷╳
關鍵心法╳實戰秘技╳
零秒成交╳網紅影音╳
霸氣業績╳資安問題

的12堂
嚴選課程

暢銷回饋版

科技 著

⚡ 第一本學習社群行銷最新理論與實務的必備工具書 ────────

⚡ 精選最新社群行銷實務案例，輔以簡潔圖文介紹，輕鬆了解重要議題 ─────

⚡ 行銷名詞Tips、章末問題討論，幫助讀者回顧及深入思考 ──────────

本書如有破損或裝訂錯誤，請寄回本公司更換

作　　者：榮欽科技
編　　輯：蔡瓊慧、WANJU

董 事 長：陳來勝
總 編 輯：陳錦輝

出　　版：博碩文化股份有限公司
地　　址：221 新北市汐止區新台五路一段 112 號 10 樓 A 棟
　　　　　電話 (02) 2696-2869　傳真 (02) 2696-2867

發　　行：博碩文化股份有限公司
郵撥帳號：17484299
戶　　名：博碩文化股份有限公司
博碩網站：http://www.drmaster.com.tw
讀者服務信箱：dr26962869@gmail.com
訂購服務專線：(02) 2696-2869 分機 238、519
（週一至週五 09:30 ～ 12:00；13:30 ～ 17:00）

版　　次：2021 年 7 月二版一刷

建議零售價：新台幣 500 元
I S B N：978-986-434-851-0
律師顧問：鳴權法律事務所 陳曉鳴

國家圖書館出版品預行編目資料

社群行銷的 12 堂嚴選課程 / 榮欽科技著 . -- 二版 .
-- 新北市：博碩文化股份有限公司, 2021.07
　　面；　公分

ISBN 978-986-434-851-0(平裝)

1. 網路行銷 2. 網路社群

496　　　　　　　　　　　　110011599

Printed in Taiwan

博碩粉絲團　歡迎團體訂購，另有優惠，請洽服務專線
　　　　　　(02) 2696-2869 分機 238、519

序言

網路社群的觀念，可從早期的 BBS 論壇、PTT，一直到部落格、Plurk（噗浪）、Twitter（推特）、Pinterest、Instagram、Line、WeChat、微博或者 Facebook。所謂網路社群代表著一群彼此互動關係密切，且有著相同興趣、或是為特定目的而聚集在一起的共同族群。社群中的人們彼此會交流資訊，利用「按讚」、「分享」與「評論」等功能，對感興趣的各種資訊與朋友進行互動，經營管理自己的人際關係，甚至把店家或企業行銷的內容與訊息擴散給更多人看到。

全書完整且詳實介紹社群行銷相關議題、重要觀念及最新社群行銷工具，精彩篇幅包括：

- 初探網路社群的異想世界：打動人心的社群新媒體
- 社群商務與品牌行銷：不用花大錢，小品牌也能痛快行銷
- 行動社群行銷：引爆指尖下的大商機
- 社群大數據：人工智慧的精準行銷術
- 社群資安、倫理與法律：商機之外，小心！駭客就在你身邊
- 臉書行銷：達人必學的關鍵心法
- 粉專經營攻略：讓粉絲甘心掏錢的私房秘技
- Instagram 入門：視覺化行銷實戰初體驗
- 貼文與拍照贏家筆記：零秒成交的 IG 黃金行銷課
- 實戰 LINE 行銷密技：邁向成功店家捷徑
- 蝦皮拍賣社群：最霸氣的業績提高術
- 影音社群行銷：打造集客瘋潮的微電影製作
- 老鳥鐵了心都要懂得最夯行銷術語

為了讓讀者吸收最新的社群行銷相關及最新知識，本書特別針對熱門社群行銷議題進行探討，這些精彩單元包括：社群網路服務、社群新媒體、社群平台、

社群商務、社群行銷、品牌社群行銷、病毒式行銷、飢餓行銷、原生廣告、電子郵件與電子報行銷、網紅行銷、行動社群行銷、全通路行銷、App 與社群結合、行動支付、QR Code 支付、條碼支付、NFC 行動支付、社群大數據、社群大數據行銷、人工智慧與社群行銷、社群資安、電子支付系統、社群犯罪、社群攻擊模式、社群交易安全、社群與資訊倫理、社群行銷與法律、臉書行銷、Instagram 行銷、LINE 行銷、蝦皮拍賣社群、影音社群行銷等。

　　本書中各種社群行銷的實例，盡量輔以簡潔的介紹方式，期許各位能以最輕鬆的方式幫助各位了解這些重要新議題，筆者深信這會是一本學習社群行銷最新理論與實務兼備的必備工具書。

目錄

CONTENTS

03　行動社群行銷：引爆指尖下的大商機

04 社群大數據：人工智慧的精準行銷術

05 社群資安、倫理與法律：商機之外，小心！駭客就在你身邊

06　臉書行銷：達人必學的關鍵心法

07　粉專經營攻略：讓粉絲甘心掏錢的私房秘技

08　Instagram 入門：視覺化行銷實戰初體驗

09　貼文與拍照贏家筆記：零秒成交的 IG 黃金行銷課

10 實戰 LINE 行銷密技：邁向成功店家捷徑

11 蝦皮拍賣社群：最霸氣的業績提高術

12 影音社群行銷：打造集客瘋潮的微電影製作

A 老鳥鐵了心都要懂得最夯行銷術語

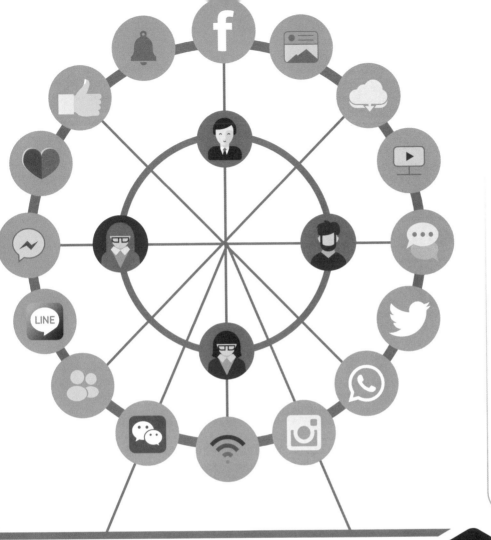

初探網路社群的異想世界
打動人心的社群新媒體

Lesson

- ▶ 社群網路服務
- ▶ Web 發展與社群新媒體
- ▶ 當紅社群平台簡介

時至今日，我們的生活已經離不開網路，網際網路建構了一個跨邊界的虛擬世界，在網路及通訊科技迅速進展的情勢下，網路正是改變一切的重要推手，而其中與網路最形影不離的就是「社群」（Community）。

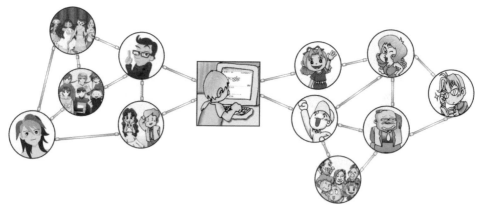

📶 社群網路的網狀結構示意圖

「社群」最簡單的定義，可以看成是一種由節點（node）與邊（edge）所組成的圖形結構（graph），其中節點所代表的是人，邊所代表的，則是人與人之間的各種相互連結關係，由於新的使用者成員會產生更多的新連結，節點間相連結的邊其定義具有彈性，甚至於允許節點間具有多重關係。整個社群的生態系統就是一個高度複雜的圖表，它交織出許多錯綜複雜的連結，其所帶來的價值就是每個連結所創造出個別價值的總和，進而形成連接全世界的社群網路。

維基百科中，McMillan & Chavis（1986）曾經定義社群意識（Sense of Community）為：一種會員有著歸屬的情緒、一種會員與他人及團體間關係的情緒，以及分享著會員需求藉由彼此的承諾而產生的信賴感」。社群網路中的個體會有不同的身分或屬性，而隨著時間演進會有新的成員加入，內部成員數目也不斷攀升，相對社交節點（Social Node）數因而增加，同時新舊成員彼此互動與聯繫，當社群成為大眾生活中的一部分，傳播分享的速度相當驚人，進而運用每一個社交節點，創造出更多的互動與關注，最後造成社群網路的不斷進化與演進。

👥 1-1 社群網路服務

網路社群的觀念可從早期的 BBS、論壇，一直到部落格、Plurk（噗浪）、Twitter（推特）、Pinterest、Instagram、微博或者 Facebook，由於這些網路服務具有互動性，因此能夠讓網友在一個平台上彼此溝通與交流，並且主導了整個網路世界中人跟人的對話。網路傳遞的主控權已快速移轉到網友手上，例如臉書（Facebook）的出現令民眾生活形態有了不少改變，在 2018 年底時，全球每日活躍用戶人數也成長至 25 億人，這已經從根本撼動我們現有的生活模式了。

如前所述，網路社群代表著一群一群彼此互動關係密切且有著相同興趣或是特定目的而聚集在一起的共同族群，其所代表的意義，依據不同類型的社群網路而有所不同，經過不斷地交叉連結，進而形成連接全世界的社群網路聚落。網路社群或稱虛擬社群（Internet community 或 virtual community）是現代網路獨有的生態。當

🛜 **SnapChat** 是目前相當受到歐美年輕人喜愛的社群平台

足夠數量的群眾，在網路上進行了足夠的討論，並付出足夠的情感，可聚集共同話題、興趣及嗜好的社群網友及特定族群討論共同的話題，以發展人際關係的網路，達到交換意見的效果，更成為未來商業經濟的核心驅動力。

1-1-1 神奇的六度分隔理論

社群網路服務（Social Networking Service, SNS）的核心在於透過提供有價值的內容與訊息，社群中的人們彼此會分享資訊，網際網路一直具有社群的特性，相互交流間接產生了依賴與歸屬感。由於這些網路服務具有互動性，除了能夠幫助

使用者認識新朋友，還可以透過社群力量，利用「按讚」、「分享」與「評論」等功能，對感興趣的各種資訊與朋友們進行互動，能夠讓大家在共同平台上，經營管理自己的人際關係，甚至把店家或企業行銷的內容與訊息擴散給更多人看到。

社群網路服務（SNS）就是 Web 體系下的一個技術應用架構，基於哈佛大學心理學教授米爾格藍（Stanely Milgram）所提出的「六度分隔理論」（Six Degrees of Separation）來運作。這個理論主要是說在人際網路中，平均而言只需在社群網路中走六步即可到達，簡單來說，即使遠在地球另一端的你，想要結識任何一位陌生的朋友，中間最多只需要透過六個朋友就可以。從內涵上而言，就是社會型網路社區，即社群關係的網路化。通常 SNS 網站都會提供許多方式讓使用者進行互動，包括聊天、寄信、影音、分享檔案、參加討論群組等等。

大陸碰碰明星網社群網站

美國影星威爾史密斯曾演過一部電影 6 度分隔，劇情是描述威爾史密斯為了想要實踐六度分離的理論而去偷了朋友的電話簿，並進行冒充的舉動。簡單來說，這個世界事實上是緊密相連的，只是人們察覺不出來，地球就像 6 人小世界，假如你想認識美國總統歐巴馬，只要找到對的人，在 6 個人之間就能得到連結。隨著全球行動化與資訊的普及，我們可以預測這個數字還會不斷下降，根據最近 Facebook 與米蘭大學所做的一個研究，六度分隔理論已經走入歷史，現在是「四度分隔理論」了。

1-1-2　惺惺相惜的同溫層效應

社群網路本質是一種描述相關性資料的圖形結構，並會隨著時間演變成長，網路社群代表著一群群彼此互動關係密切且有著共同興趣的用戶，用戶人數也會

越來越廣，就像拓展難以計數的人脈般，正面與負面訊息都容易經過社群被迅速傳播，以此提升社群活躍度和影響力。由於在網路虛擬世界裡，群體迷思會更加凸顯，個人往往會感到形單影隻的疏離感，因此特別容易受到所謂「同溫層（stratosphere）」效應的影響。

「同溫層」是近幾年出現的流行名詞，其所揭示的是一個心理與社會學上的問題。美國學者桑斯坦（Cass Sunstein）表示：「雖然上百萬人使用網路社群來拓展視野，同時也可能會建立起新的屏障，許多人卻反其道而行，積極撰寫與發表個人興趣及偏見，使其生活在同溫層中。」簡單來說，與我們生活圈接近且互動頻繁的用戶，通常同質性高，所獲取的資訊也較為相近，容易導致比較願意接受與自己立場相近的觀點，對於不同觀點的事物，則常選擇性地忽略，進而形成一種封閉的同溫層現象。

同溫層效應絕大部分也是因為，目前許多社群會主動篩選與你的貼文內容有關，並在社群演算法邏輯下，透過用戶過去的偏好，推播與你相同或是相似的想法與言論。例如當用戶在社群閱讀時，往往會傾向於點擊與自己主觀意見相同的訊息，而對意見相反的內容視而不見。確實，網路上存在太多資訊，你可能不想接收所有訊息，所以根據個人喜好來推送或接收訊息，會讓大部分的人願意花更多的時間在與自己立場相同的言論互動，只會閱讀自己有興趣或喜歡的議題，但這也同時意味著，你可能因此生活在社群平台為你所建構的同溫層中。

🫂 1-2 Web 發展與社群新媒體

隨著網際網路的快速興起，電腦系統不再只是一堆網路設備及電腦的集合體，更爆發為一股深入我們日常生活各角落的強大力量。在網際網路所提供的服務中，又以「全球資訊網」的發展最為快速與多元化。「全球資訊網」（World Wide Web，WWW），又簡稱為 Web（中國稱為互聯網），可說是目前 Internet 上最流行的一種新興工具。

📶 Web 上有數以億計五花八門的網站資源

　　WWW 主要是以「主從式架構」（Client ／ Server）為主，並區分為「用戶端」（Client）與「伺服端」（Server）兩部分。也就是說，Web 是一種建構在 Internet 的多媒體整合資訊系統，它利用超媒體（Hypermedia）的資料擷取技術，透過一種超文件（Hypertext）的表達方式，將整合在 Internet 上的資訊連接在一起，亦即，只要透過 Web，就可以連結全世界所有的資訊！

> 👍 **TIPS**
>
> 所謂超連結就是 Web 上的連結技巧，透過已定義好的關鍵字與圖形，只要點取某個圖示或某段文字，就可以直接連結上相對應的文件。而「超文件」是指具有超連結功能的文件，至於瀏覽器是用來連上 Web 網站的軟體程式，則如 Chrome、Edge、IE 等。

1-2-1　WWW 的運作原理

　　Web 的運作原理是透過網路客戶端（Client）的程式去讀取指定的文件，並將其顯示於您的電腦螢幕上，而這個客戶端（好比我們的電腦）的程式，就稱為「瀏覽器」（Browser），目前市面上常見的瀏覽器種類相當多，各有其特色。

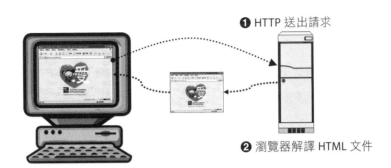

❶ HTTP 送出請求

❷ 瀏覽器解譯 HTML 文件

　　當各位打算連結到某一個網站時，首先就必須知道此網站的「網址」，網址的正式名稱應為「全球資源定位器」（URL）。簡而言之，URL 就是 WWW 伺服主機的位址，用來指出某一項資訊的所在位置及存取方式。嚴格一點來說，URL 就是在 WWW 上指明通訊協定及位址來享用網路上各式各樣的服務功能。我們可以使用家中的電腦（客戶端），並透過瀏覽器與輸入 URL 來開啟某個購物網站的網頁，此時家中的電腦會向購物網站的伺服端提出顯示網頁內容的請求，一旦網站伺服器收到請求後，隨即會將網頁內容傳送給家中的電腦，並且經過瀏覽器的解譯後，再顯示成各位所看到的內容。例如「http://www.yahoo.com.tw」就是 yahoo! 奇摩網站的 URL，而正式 URL 的標準格式如下：

protocol://host[:Port]/path/filename

　　其中 protocol 代表通訊協定或是擷取資料的方法，常用的通訊協定如下表：

通訊協定	說明	範例
http	HyperText Transfer Protocol，超文件傳輸協定，用來存取 WWW 上的超文字文件（hypertext document）。	http://www.yam.com.tw（蕃薯藤 URL）
ftp	File Transfer Protocol，是一種檔案傳輸協定，用來存取伺服器的檔案。	ftp://ftp.nsysu.edu.tw/（中山大學 FTP 伺服器）
mailto	寄送 E-Mail 的服務	mailto://eileen@mail.com.tw
telnet	遠端登入服務	telnet://bbs.nsysu.edu.tw（中山大學美麗之島 BBS）
gopher	存取 gopher 伺服器資料	gopher://gopher.edu.tw/（教育部 gopher 伺服器）

host 可以輸入 Domain Name 或 IP Address，[:port] 是埠號，用來指定用哪個通訊埠溝通，每部主機內所提供之服務都有內定之埠號，若在輸入 URL 時，它的埠號與內定埠號不同時，就必須輸入埠號，否則就可以省略，例如 http 的埠號為 80，所以當我們輸入 yahoo! 奇摩的 URL 時，可以如下表示：

http://www.yahoo.com.tw:80/

由於埠號與內定埠號相同，所以可以省略「:80」，寫成下式 即可：

http://www.yahoo.com.tw/

1-2-2　Web 發展與演進史

隨著 Web 的不斷進步，對人類生活與網路文明的創新影響也越來越大，尤其目前即將進入了 Web 3.0 世代，其所帶來智慧更高的網路服務與無線寬頻的大量普及，更是徹底改變了現代人工作、休閒、學習、行銷與獲取訊息，Web 的發展就像小嬰兒一般，一暝大一寸。

🛜 Web 發展帶來了現代社會的巨大變革

圖片來源 http://www.disney.com.tw

在 Web 1.0 時代，受限於網路頻寬及電腦配備，對於 Web 上網站內容，主要是由網路內容提供者所提供，使用者只能單純下載、瀏覽與查詢，例如我們連上某個政府網站去看公告與查資料，使用者只能被動接受，無法輸入或修改網站上的任何資料，僅止於單向傳遞訊息給閱聽大眾。

Web 2.0 時期寬頻及上網人口的普及，其主要精神在於鼓勵使用者的參與，讓使用者可以參與網站平台上內容的產生，如部落格、網頁相簿編寫等。此時期帶給傳統媒體的最大衝擊即為：打破長久以來由媒體主導資訊傳播的藩籬！PChome Online 網路家庭董事長詹宏志就曾對 Web 2.0 作了個論述：「如果說 Web1.0 時代，網路的使用是下載與閱讀，那麼 Web2.0 時代，則是上傳與分享。」

📶 部落格是 **Web 2.0** 時相當熱門的新媒體創作平台

1-2-3　快速崛起的新媒體

　　隨著 Web 技術的快速發展，打破過去被傳統媒體壟斷的藩籬，與新媒體息息相關的各個領域出現了日新月異的變化，而這一切轉變主要是來自於網路的大量普及。「新媒體」可以視為是一種結合了電腦與網路新科技，讓使用者能有完善分享、娛樂、互動與取得資訊的平台，具有資訊分享的互動性與即時性。今天以社群網路為主的新媒體，除了匯集許多的資訊與資源，真正的價值在於它讓人們聚集在一起了，因此成為現代數位行銷成長的重要推手，傳統媒體也因受到不小衝擊而逐漸式微，因為在網路工具的精準分析下，新媒體能夠創造更精準有價值的消費客群。

　社群新媒體讓許多默默無名的商品一夕爆紅

　　新媒體（New Media）即為目前相當流行的網路新興數位傳播媒介，相對傳統四大媒體：電視、電台廣播、報紙和雜誌，無論在形式、內容、速度及類型上皆產生了根本的質變。所謂「新媒體」（New Media），可以視為是一種結合了電腦與網路新科技，讓使用者能有完善分享、娛樂、互動與取得資訊的平台，具有資訊分享的互動性與即時性。因為閱聽者不只可以瀏覽資訊，還能在網路上集結社群，發表並交流彼此想法，包括目前炙手可熱的臉書、推特、App store、行動影音、網路電視（iptv）等，都可算是新媒體的一種。

TIPS

網路電視（Internet Protocol Television, IPTV）是一種目前快速普及的新媒體模式，其除了可以透過網際網路來進行視訊節目的直播，還可利用機上盒（Set-Top-Box, STB）透過普通電視機播放的一種新興服務型態，提供觀眾在任何時間、任何地點來自行選擇節目，能充份滿足現代人對數位影音內容即時且大量的需求。服務模式除了包含免付費頻道、基本頻道、與收費頻道三種，還能提供包括網路遊戲、網路點播、網路購物、社群網站瀏覽與遠距教學等服務。

愛奇藝出品的延禧攻略透過網路新媒體下載超過 180 億次

　　新媒體本身的型態與平台一直快速轉變，在網路如此發達的數位時代，很難想像沒有手機、沒有上網的生活如何打發。過去的媒體通路各自獨立，未來的新媒體通路必定互相交錯。傳統媒體必須設法滿足現代消費者隨時隨地都能閱聽的習慣，尤其是行動用戶人口增長強勁，各種新的應用和服務不斷出現，經營方向必須將手機、平板、電腦、Smart TV 等各種裝置都視為新興通路，節目內容也要跨越各種裝置與平台的界線，真正讓媒體的影響力延伸到每一個角落。

　　在 Web 3.0 時代，網路的發展加上公民力量的崛起後，吸引網民最有效的管道，無疑就是社群媒體，趁勢而起的社群力量也造就了新媒體更進一步的成長。例如 2011 年「茉莉花革命」（或稱為阿拉伯之春）如秋風掃落葉般地從北非席捲到阿拉伯地區，引爆點就是臉書（Facebook）這樣的新媒體。一位突尼西亞年輕人因為被警察欺壓，無法忍受憤而自焚的畫面，透過臉書等社群快速傳播，頓時讓長期積累的民怨爆發為全國性反政府示威潮，進而導致獨裁 23 年領導人流亡海外，接著迅速地影響到鄰近阿拉伯地區，如埃及等威權政府土崩瓦解，這些都是由網路鄉民所產生的新媒體力量。

臺灣本土發生的 319 太陽花學運，也讓我們實際感受到了社群新媒體所爆發的巨大力量，臉書像個強大的傳播機器，透過朋友間的串連、分享、社團、粉絲頁，與臉書上懶人包與動員令的高速傳遞，創造了互動性與影響力強大的平台，打造了整個 319 事件的資訊入口。社群新媒體讓這場學運，能真正主動掌握發言權，因此才能快速地將參與者的力量匯聚起來。這場學運對媒體的真正意義而言，一方面是傳統媒體的再進化，另一方面是這群人共同建構了以網路科技為中心的新媒體抬頭契機。

1-3 當紅社群平台簡介

從西元 1990 年代開始，網際網路商業化後至今的近三十年中，隨著網際網路本身就具有社群的特性，人類社群的互動型態，從面對面交流的實體社群，轉化為一張張隱匿在網路背後所組成的廣大虛擬好友群。隨著社群網路的使用度不斷提高，社群網路平台一直如何依據讓訊息和人之間的關係更加貼近的最大準則，在臺灣由學生的奇蹟 - 所創造的 BBS 堪稱是最早的網路社群模式，然後從即時通訊、部落格，演進到 Facebook、Instagram、微博、LINE 等模式。

TIPS

> BBS（Bulletin Board System）就是所謂的電子佈告欄，主要是提供一個資訊公告交流的空間，它的功能包括：發表意見、線上交談、收發電子郵件等等，早期以大專院校的校園 BBS 最為風行。BBS 具有下列幾項優點：完全免費、資訊傳播迅速、完全以鍵盤操作、匿名性、資訊公開等，因此到現在仍然在各大校園相當受到歡迎。

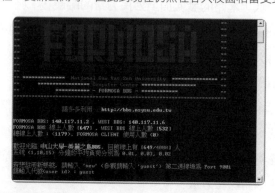

現在社群媒體影響力無遠弗屆，橫跨政治、經濟、娛樂與社會文化等層面，從企業到政府與個人，社群在今日已經是各行各業中人們溝通與工作合作的關鍵，滿足人們即時互動、分享資訊、並獲得被肯定的成就感，每個品牌或店家都或多或少擁有數個社群行銷平台的狀況下，如何針對不同平台的特性做出「差異化行銷」是集客贏家的關鍵。接下來我們將介紹目前國內外最當紅的幾個網路社群平台。

1-3-1 批踢踢（PTT）

全名為批踢踢實業坊，以電子佈告欄（BBS）系統架設，學術性質為其原始目的，提供線上言論空間，是一個知名度相當高的電子佈告欄類平台的網路論壇。批踢踢擁有相當豐富且龐大的資源，包括流行用語、名人、板面、時事、新聞等。PTT 維持中立、不商業化、不政治化，鄉民百科只要遵守簡單的規則，即可自由編寫，每天收錄 4 萬多篇文章，相當於不到兩秒鐘就有一篇新文章產生，多元種類的話題都能在批踢踢上迅速激盪出討論的熱潮。目前由臺灣大學電子佈告欄系統研究社維護運作，大部分的程式碼目前由就讀或已畢業的資訊工程學系的學生進行維護。它有兩個分站，分別為批踢踢兔與批踢踢參，批踢踢在使用者人數漸增的情況下，目前在批踢踢實業坊與批踢踢兔註冊總人數超過 150 萬人以上，逐漸成為臺灣最大的網路討論空間。

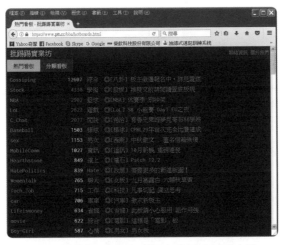

🛜 批踢踢成為臺灣本土最大的網路討論空間

1-3-2 臉書（FaceBook）

提到「社群網站」，許多人首先會聯想到社群網站的代表品牌為 Facebook。創辦人是馬克 · 祖克柏（Mark Elliot Zuckerberg）Facebook 是集客式行銷的大幫手，簡稱為 FB，中文被稱為臉書，是目前最熱門且擁有最多會員人數的社群網站，也是目前眾多社群網站之中，最為廣泛地連結每個人日常生活圈朋友和家庭成員的社群，對店家來說也是連接大眾最普遍的管道之一。

臉書在全球擁有超過 25 億以上的使用者

1-3-3　Instagram

從社群生活發跡的 Instagram（IG），就和時下的年輕消費者一樣，具有活潑、多變、有趣的特色，尤其是 15-30 歲的受眾群體。根據天下雜誌調查，Instagram 在臺灣 24 歲以下的年輕用戶占 46.1%，許多年輕人幾乎每天一睜開眼就先上 Instagram，關注朋友們的最新動態，不但可以利用手機將拍攝下來的相片，透過濾鏡效果處理後變成美觀吸睛的藝術相片，還可以加入心情文字，隨意塗鴉讓相片更有趣生動，然後直接分享到 Facebook、Twitter、Flickr 等社群網站。

🛜 Instagram 用戶陶醉於 IG 優異的視覺效果

1-3-4　微博（Weibo）

「微博客」或「微型博客」是一種允許用戶即時更新簡短文字，並可以公開發布的微型部落格，是全球最熱門與最多華人使用的微網誌。微博是一個適合品牌曝光、得到認知、與成長的平台。在中國大陸常常使用其簡稱「微博」，在這些微博服務之中，新浪微博和騰訊微博是造訪量最大的兩個微博網站。如果要進軍中國大陸市場商機，一定要懂得當地社群行銷工具。中國大陸社群媒體的市占率，主要是由微博社群媒體所支配，瞭解並有效的運用當地語言來和消費者溝通，企業可透過微博接觸廣大的大陸市場，成為下一波決戰大陸宅經濟的利器。

「微博」允許任何人閱讀，或者由用戶自己選擇的群組閱讀，企業若欲開展微博行銷，必須把更多的注意力放在用戶的心理和與粉絲互動的訊息上，這些訊息可以透過簡訊、即時訊息軟體、電子郵件、網頁、或是行動應用程式來傳送，並

且能夠發布文字、圖片或視訊影音，隨時和粉絲分享最新資訊，企業要在微博上取得用戶好感，就要去除商業化冰冷的思維，用友善、溫馨與用心來和他們相處。

📶 微博是目前中國大陸最熱門的社群網站

1-3-5　推特（Twitter）

Twitter 是一個社群網站，也是一種重要的社交媒體行銷手段，有助於品牌快速樹立形象，2006 年 Twitter 開始風行全世界許多國家，是全球前十大網路瀏覽量之一的網站。使用 Twitter 可以增加品牌的知名度和影響力，並且深入到更廣大的潛在族群。Twitter 在臺灣較不流行，盛行於歐美國家。比較 Twitter 與臉書，可以看出用戶的主要族群不同，能夠打動人心的貼文特色也不盡相同。Twitter 的即時性，能夠即時且準確地回覆顧客訊息，也可能因此提升品牌的形象和評價。整體來說，要獲得新客戶的話可以利用 Twitter，強化與原有客戶的交流則是臉書與 Instagram 較為適合。

🛜 Twitter 官方網站：https://twitter.com/

　　要利用 Twitter 吸引用戶目光，重點在於題材的趣味性以及話題性。由於照片和影片越來越受歡迎，為了提供用戶多樣化的使用經驗，Twitter 的資訊流現在能分享照片及影片，有許多品牌都以 Twitter 作為主要的社群網絡，但成功的關鍵在於，品牌的特性必須符合 Twitter 的使用者特性。

👍 **TIPS**

微網誌，即微部落格的簡稱，是一個基於使用者關係的訊息分享、傳播以及取得平台。微網誌從幾年前於美國誕生的 Twitter（推特）開始盛行，相對於部落格需要長篇大論來陳述事實，微網誌強調快速即時、字數限定在一百多字以內，簡短的一句話也能引發網友熱烈討論。

1-3-6　噗浪（Plurk）

　　Plurk 中文叫「噗浪」，是一種微網誌，Plurk 就是一種兼具交友及聊生活點滴或傳送相關訊息的網站。在這個網站也可以聊一些八卦，甚至國外的最近新聞、資訊、生活科技、八卦或新知，在國內新聞還沒報導前，或許在 Plurk 早已傳開。噗浪網站創設於 2008 年 5 月 12 日，可說是完全創新的概念。Plurk 最大的

特色，就是在一條時間軸上顯示自己與好友的所有訊息，允許多人在同一則文章內相互討論的功能。其獨創的 Karma 值制度，只要每天固定和其他網友進行互動的人，即可慢慢提升 Karma 值，在達到某個標準後，就可以開啟進階的功能，也增加了使用者的黏著度。

🛜 在 Plurk 上面活動的人又叫「噗浪客」

1-3-7 LinkedIn

美國職業社交網站 LinkedIn 是專業人士跨國求職的重要利器，由於定位明確，確實吸引不少商業人士來此交流。比起臉書或 Instagram，LinkedIn 這類典型的商業型社交服務網站，走的是更具備職業化的服務方向，不但顛覆傳統的人才媒合方式，還改變了全球勞動市場的規則，更提供來自全世界用戶上傳編輯自己的職業經歷，幫助用戶快速有效推廣品牌與行銷自己。

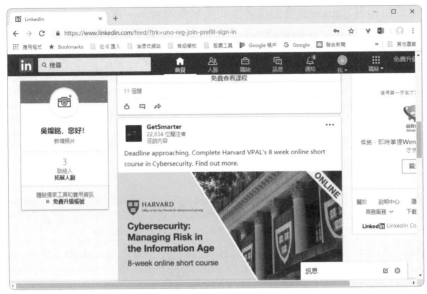

🛜 **LinkedIn** 是全球最大專業人士社交網站

　　任何想在世界各地找到工作的人，都可以在 LinkedIn 的平台發布個人簡歷，時常會有許多世界各地的工作機會主動找上門。此外還能將履歷互相連接成人脈網路，就如同是一個職場版的 Facebook，並且開放接受各種可能的職位。大家可以聚在一起討論、分享內容和提出問題，能夠在 LinkedIn 上輕易獲得新的追隨者。同時 LinkedIn 也提供多種不同語言，其搜尋功能更是專業強大，能直接搜尋包括人名、工作、公司資訊、團體以及學校，由於決策者在面試前後多半會搜尋此人的社群頁面，因此相較於 Facebook 和 Instagram 等社群網站，LinkedIn 更容易讓行銷者直接接觸到決策人員，越來越多人發現它也是一個絕佳的內容與品牌行銷平台。

1-3-8　Pinterest

　　「Pinterest」的名字由「Pin」和「Interest」組成，是接觸女性用戶最高 CP 值的社群平台，可說是個強烈以興趣為取向的社群平台。擁有豐富的飲食、時尚、美容的最新訊息，是一個圖片分享類的社群網站，無論是購物還是資訊，大

多數用戶會利用 Pinterest 直接搜尋他們所想要的資訊。Pinterest 目前有超過 500 億張 Pin（圖釘），每個圖片稱之為一個「Pin」，Pin 的範圍包含了圖片、影片等。Pinterest 能整理與分享你在日常生活或網路上所發現能夠帶來靈感或趣味的圖片，可以單純用來作為個人線上圖片目錄，讓使用者將在網路上感興趣的內容儲存起來，並按主題分類添加和管理自己的收藏，更能依照主題分類來整理所有的「Pin」。品牌也能輕易無限延伸一個 Pin 可觸及的使用者，並能與廣大眾多好友分享，不過目前臺灣使用 Pinterest 的人數相對較少。

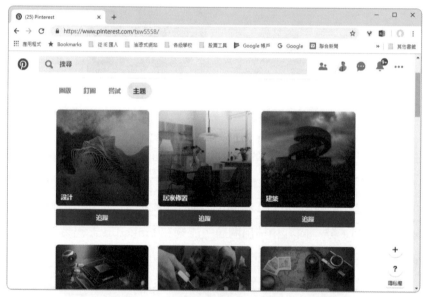

🛜 Pinterest 在社群行銷導購上成效都十分亮眼

1-3-9　YouTube

　　根據 Yohoo! 的最新調查顯示，平均每月有 84% 的網友瀏覽線上影音、70% 的網友表示期待看到專業製作的線上影音。YouTube 目前是設立在美國的一個全世界最大線上影音社群網站，也是繼 Google 之後第二大的搜尋引擎，更是影音搜尋引擎的霸主，任何人都可以在 YouTube 網站上觀看影片，只要有 Google

帳號者則可以上傳影片或留言。上傳的影片內容包括電視短片、音樂 MV、預告片、也有自製的業餘短片，全球每日瀏覽影片的總量將近 50 億，利用 YouTube 觀看影片儼然成為現代人生活中不可或缺的重心。

🛜 YouTube 目前已成為全球最大的影音網站

1-3-10　部落格

Blog 是 weblog 的簡稱，是一種新興的網路社群應用技術，就算不懂任何網頁編輯技術的一般使用者，也能自行建立自己專屬的創作站台。並且能夠在網路世界裡與他人分享自己的生活感想、心情記事等等，這是繼 2000 年網路泡沫化後，另一波網路社群平台的路線發展。

🛜 部落格常用來記載每個人的心情故事

　　通常傳統部落格使用者，多半是使用固定一處的個人電腦作為書寫的工具，當行動通訊設備興盛所帶起的行動部落格潮流後，則可以不限時間地點的寫下內容，隨時隨地都能上網與分享自己的創作。部落格絕大多數是業餘者的分享，最早出現的作用是讓網友在網路上寫日誌，分享自己對某些事物或話題的實際經驗與個人觀點。

1-3-11　Skype

　　網路電話（IP Phone）是利用 VoIP（Voice over Internet Protocol）技術將類比語音訊號經過壓縮與數位化（Digitized）後，以資料封包（Data Packet）的型態在 IP 數據網路（IP-based data network）傳遞的語音通話方式，可以透過網路相關通訊協定，取代傳統電話，來與他人進行語音交談。簡單來說，只要能夠連上網，就可以撥打電話給同在網路上的任一親朋好友。

　　Skype 是一套使用語音通話的即時通訊社群軟體，它以網際網路為基礎，讓線路二端的使用者都可以藉由軟體來進行語音通話。只要擁有一個 Skype 帳戶，就能在各位所有的裝置上使用，包括桌上型電腦、智慧型手機、平板電腦等，透過 Skype 可以讓你與全球各地的好友或客戶進行聯絡，甚至進行視訊會議。Skype 軟體的發展已越來越成熟，它的通話品質比以前更好，不會出現語音延遲的現象，要變更語音設備也相當的簡單，無須再重新設定硬體設備，而且在行動裝置 iPhone、Android 上都可以使用 Skype。

🛜 **Skype** 是一種語音通話的軟體

1-3-12　Line

　　隨著智慧型裝置的普及，不少企業藉由行動通訊軟體增進工作效率與降低通訊成本，甚至作為公司對外宣傳發聲的管道，行動通訊軟體已經迅速取代傳統手機簡訊。Line 軟體就是可以在智慧型手機上使用的一種免費通訊程式，也算是一種即時通訊社群平台，它能讓各位在一天 24 小時中，隨時隨地盡情享受免費

通話與通訊，甚至透過方便免費的「視訊通話」和遠在外地的親朋好友通話。LINE 主要是由韓國最大網路集團 NHN 的日本分公司開發設計完成，NHN 母公司位於韓國，主要服務為搜尋引擎 NAVER 與遊戲入口 HANGAME，就好像 Skype 即時通軟體的功能一樣，也可以打電話與發送訊息。

🔗 Line 的好友畫面

1-3-13 微信（WeChat）

LINE 和 WeChat 可說是目前亞洲最熱門的即時通訊 App。WeChat 微信本身是騰訊所推出的即時通訊軟體，可藉由智慧型手機來傳送各種多媒體訊息，功能與之前騰訊所推出的 QQ 類似，目前已超過 9 億人使用 WeChat 來作為和親朋好友聯繫與分享的工具。WeChat 可以透過 WeChat ID 或手機號碼來快速找到並新增好友。

用戶除了可以隨心所欲地透過文字、圖片、影片等媒體來和好友分享生活趣事外，也可以透過豐富的貼圖來形容較難用文字語言直接表達的感受，同時也擁有免費的語音和視訊通話功能，讓用戶們隨時隨地都能聽到好友的聲音，看

🔗 微信行銷最有效益的對象還是中國大陸用戶

見對方的影像，也可建立多人聊天的群組，或是玩時下熱門的遊戲。除此之外，WeChat 支援多語言介面、提供訊息翻譯功能、能建立 500 人的群組、還能即時分享地理位置等。

1. 請簡介「社群」的定義。

2. 試簡述維基百科中 McMillan & Chavis（1986）如何定義「社群意識」（Sense of Community）？

3. 何謂「社群網路服務」（Social Networking Service, SNS）？

4. 試簡介「六度分隔理論」（Six Degrees of Separation）。

5. 何謂「同溫層」（stratosphere）效應？試簡述之。

6. 請簡介新媒體的特色。

7. 何謂「網路電視」（Iptv）？

8. 試說明 URL 的意義。

9. 請說明 Web 3.0 的特色。

10. 請介紹 BBS 的優點。

11. 試簡述微博（Weibo）的特色。

12. 請說明什麼是微網誌？

13. 試簡介「網路電話」（IP Phone）。

14. 請簡介 LinkedIn 的特色。

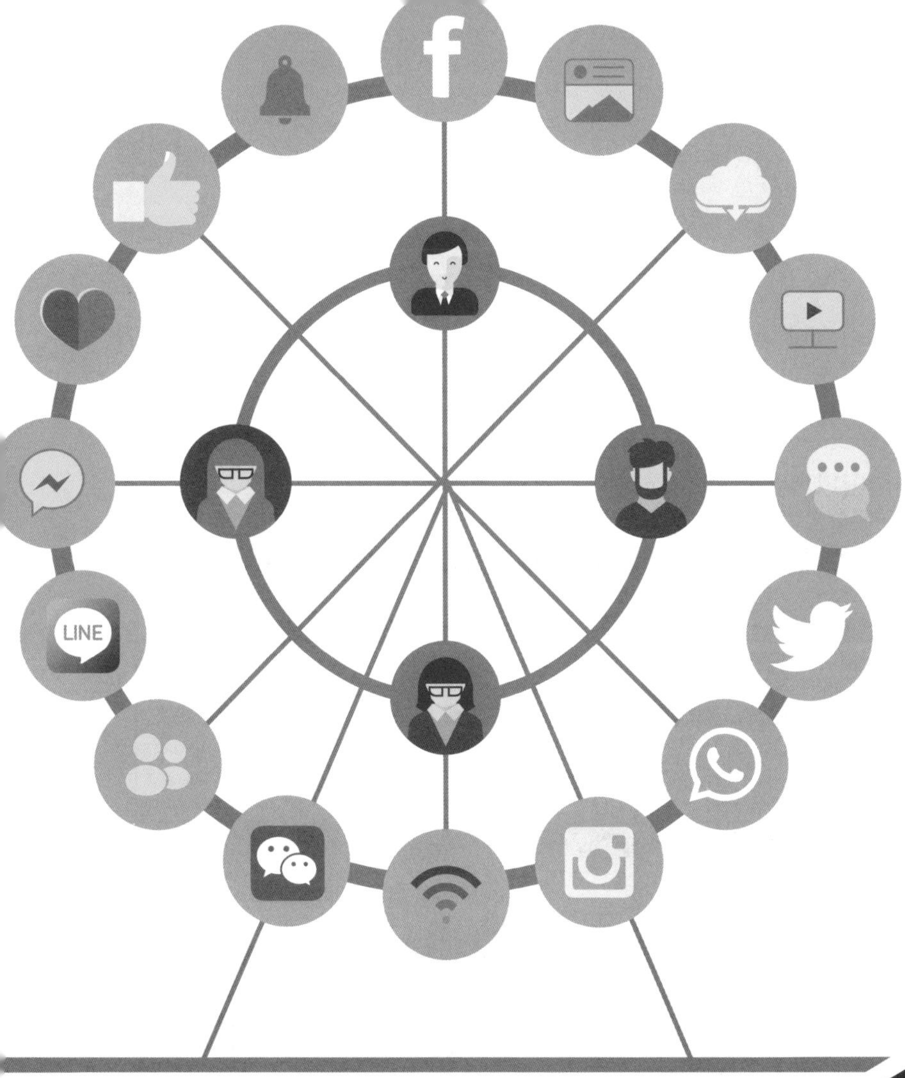

Lesson

02

社群商務與品牌行銷

不用花大錢，小品牌也能痛快行銷

- 網路經濟與社群商務
- 社群行銷的四種 DNA
- 品牌社群行銷的贏家心法
- 社群行銷的番外加強版

隨著資訊科技與網際網路的高速發展，手機和網際網路覆蓋率不斷提高的刺激下，各國無不致力於推動涵蓋共通基礎建設措施。新經濟現象帶來許多數位化的衝擊與變革，加上雲端科技進步與網路交易平台流程的改善，讓網路購物越來越便利與順暢，不但改變了企業經營模式，也改變了全球市場的消費習慣，目前正在以無國界、零時差的優勢，讓全年無休的電子商務（Electronic Commerce, EC）新興市場快速崛起。

透過電子商務模式，小資族就可在樂天市集上開店

　　電子商務成了網路經濟（Network Economy）發展下所帶動的新興產業，也一併帶動了新的交易觀念與消費方式，阿里巴巴董事局主席馬雲更大膽直言，2020 年時電子商務將全面取代傳統實體零售商家的主導地位。

2-1 網路經濟與社群商務

在二十世紀末期，隨著電腦的平價化、作業系統操作簡單化、網際網路興起等種種因素結合起來，也同時帶動了網路經濟的盛行，這個現象更帶來許多數位化的衝擊與變革。從技術角度來看，人類利用網路通訊方式進行交易活動已有幾十年的歷史了，蒸氣機的發明帶動了工業革命，工業革命由機器取代了勞力，網路發明則帶動了網路經濟與商業革命，網路經濟就是利用網路通訊進行傳統的經濟活動的新模式，而這樣的方式也成為繼工業革命之後，另一個徹底改變人們生活型態的重大變革。

網路經濟是一種分散式的經濟，帶來了與傳統經濟方式完全不同的改變，最重要的優點就是可以去除傳統中間化，降低市場交易成本，整個經濟體系的市場結構也出現了劇烈變化，這種現象讓自由市場更有效率地靈活運作。在傳統經濟時代，價值來自產品稀少的珍貴性，對於網路經濟所帶來的網路效應（Network Effect）而言，有一個很大的特性就是產品的價值取決於其總使用人數，透過網路無遠弗屆的特性，一旦使用者數目跨過門檻，也就是越多人有這個產品，那麼它的價值自然越高。

網際網路的快速發展產生了新的外部環境與經濟法則，全面改變了世界經濟的營運法則，Downes and Mui 提出了出現四大定律，促動了全球化網路經濟：

- **梅特卡夫定律（Metcalfe's Law）**：1995 年的 10 月 2 日是 3Com 公司的創始人，電腦網路先驅羅伯特・梅特卡夫（B. Metcalfe）於專欄上提出，網路的價值是和使用者的平方成正比，稱為「梅特卡夫定律」（Metcalfe's Law），是一種網路技術發展規律，也就是當使用者越多，其價值便大幅增加，產生大者恆大之現象，對原來的使用者而言，反而產生的效用會越大。

- **摩爾定律（Moore's law）**：是由英特爾（Intel）名譽董事長摩爾（Gordon Mores）於 1965 年所提出，表示電子計算相關設備不斷向前快速發展的定律，主要是指一個尺寸相同的 IC 晶片上，所容納的電晶體數量，因為製程技

術的不斷提升與進步,造成電腦的普及運用,每隔約十八個月會加倍,執行運算的速度也會加倍,但製造成本卻不會改變。

- **擾亂定律(Law of Disruption)**:是由唐斯及梅振家所提出,結合了「摩爾定律」與「梅特卡夫定律」的第二級效應,主要是指出社會、商業體制與架構以漸進的方式演進,但是科技卻以幾何級數發展,社會、商業體制都已不符合網路經濟時代的運作方式,遠遠落後於科技變化速度,當這兩者之間的鴻溝愈來愈擴大,使原來的科技、商業、社會、法律間的漸進式演化平衡被擾亂,因此產生了所謂的失衡現象與鴻溝(Gap),就很可能產生革命性的創新與改變。

- **公司遞減定律(Law of Diminishing Firms)**:是指由於「摩爾定律」及「梅特卡夫定律」的影響之下,網路經濟透過全球化分工的合作團隊,加上縮編、分工、外包、聯盟、虛擬組織等模式運作,將比傳統業界來的更為經濟有績效,進而使得現有公司的規模有呈現逐步遞減的現象。

2-1-1 社群商務的定義

在尚未談到社群商務之前,我們先來簡介電子商務的主功能,主要是將供應商、經銷商與零售商結合在一起,透過網際網路提供訂單、貨物及帳務的流動與管理,大量節省傳統作業的時程及成本,從買方到賣方都能產生極大的助益。如果正式說明電子商務的定義,美國學者 Kalakota and Whinston 認為:所謂電子商務是一種現代化的經營模式,就是利用網際網路進行購買、銷售或交換產品與服務,並達到降低成本的要求。

電商網站已經是目前商務往來的主流平台

近年來隨著電子商務的快速發展與崛起，也興起了社群商務的模式，由於社群網路服務具有互動性，電商網站必須往社群發展，才能加強黏著性，創造更多營收，同時還可以透過社群力量，把行銷內容與訊息擴散給更多人看到，讓大家在共同平台上彼此快速溝通、交流與進行交易。

臉書（Facebook）創辦人馬克 · 祖克柏曾說：「如果我一定要猜的話，下一個爆發式成長的領域就是社群商務（Social Commerce）」。今日的的社群媒體，已進化成擁有策略思考與商務能力的利器，社群平台的盛行，讓全球電商們有了全新的商務管道。

各位平時有沒有一種經驗，當心中浮現出購買某種商品的慾望，但你對商品不熟時，通常會不自覺打開臉書、IG 或搜尋各式網路平台，尋求網友對購買過這項商品的使用心得，比起一般傳統廣告，現在的消費者更相信朋友的介紹或是網友的討論，根據國外最新的統計，88% 的消費者會被社群其他消費者的意見或評論所影響，表示 C2C（消費者影響消費者）模式的力量愈來愈大，已經深深影響大多數重度網路使用者的購買決策，這就是社群口碑的力量，藉由這股勢力，漸漸的發展出另一種商務形式「社群商務（Social Commerce）」。

👍 **TIPS**

「消費者對消費者」（consumer to consumer, C2C）模式就是指透過網際網路交易與行銷的買賣雙方都是消費者，由客戶直接賣東西給客戶，網站則是抽取單筆手續費。每位消費者可以透過競價得到想要的商品，就像是一個常見的傳統跳蚤市場。

所謂社群商務（Social Commerce）的定義就是社群與商務的組合名詞，透過社群平台獲得更多顧客，由於社群中的人們彼此會分享資訊、相互交流，間接產生了依賴與歸屬感，並利用社群平台的特性鞏固粉絲與消費者，不但能提供消費者在社群空間的討論分享與溝通，又能滿足消費者的購物慾望，更進一步能創造企業或品牌更大的商機。

📶 微博是進軍中國大陸市場的主要社群行銷平台

2-1-2　大話社群行銷

📶 行銷活動已經和現代人日常生活行影不離

我們的生活受到行銷活動的影響既深且遠，行銷的英文是 Marketing，簡單來說，就是「開拓市場的行動與策略」。行銷策略就是在有限的企業資源下，盡量分配資源於各種行銷活動。彼得・杜拉克（Peter Drucker）曾經提出：「行銷（marketing）的目的是要使銷售（sales）成為多餘，行銷活動是要造成顧客處於準備購買的狀態。」

網路行銷（Internet Marketing），或稱為數位行銷（Digital Marketing），就是藉由行銷人員將創意、商品及服務等構想，利用通訊科技、廣告促銷、公關及活動方式在網路上執行。簡單的

說，就是指透過電腦及網路設備來連接網際網路，並且在網際網路上從事商品銷售的行為。網路行銷本質其實和傳統行銷一樣，最終目的都是為了影響目標消費者（Target Audience），主要差別在於溝通工具不同，網路時代的消費者是流動的，行銷不但是一種創造溝通，並傳達價值給顧客的手段，也是一種促使企業獲利的過程。

正所謂「顧客在哪、商人就在哪」，對於行銷人來說，數位行銷的工具相當多，然而很難一一投入，且所費成本也不少，而社群媒體則是目前大家最為廣泛使用的工具。尤其是剛成立的公司或小企業，沒有專職的行銷人員可以處理行銷推廣的工作，所以使用社群網路來行銷品牌與產品，絕對是店家與行銷人員不可忽視的熱門趨勢。社群商務已經是目前無法抵擋的行銷趨勢，社群行為中最受到歡迎的功能，包括照片分享、位置服務、即時線上傳訊、影片上傳下載等功能變得更能方便使用，然後再藉由社群媒體廣泛的擴散效果，透過朋友間的串連、分享、社團、粉絲頁的高速傳遞，使品牌與行銷資訊有機會觸及更多的顧客。

星巴克相當擅長網路社群與實體店面的行銷整合

因此在社群商務的遊戲規則上，所有的「消費行為」都還是回歸到「人」的本質，在這個「社群生態系」中發揮自己的優勢，藉以助長自身的流量，透過結合社群力量，把商業的內容與訊息擴散給更多人看到，因此更加入「人為驅動」的因素，不再侷限於產品本身，能夠讓大家在共同平台上，彼此快速溝通與交流，將想要行銷品牌的最好一面展現在粉絲面前。

👥 2-2 社群行銷的四種 DNA

社群商務真的有那麼大的潛力嗎？這種「先搜尋，後購買」的商務經驗，正以現在進行式的方式反覆在現代生活中上演，根據最新的統計報告，有 2/3 美國消費者購買新產品時會先參考社群上的評論，且有 1/2 以上受訪者會因為社群媒體上的推薦而嘗試全新品牌。各位可能無法想像，中國大陸熱銷的小米機，幾乎完全靠口碑與社群行銷來擄獲大量消費者而成功，讓所有人都跌破眼鏡。

小米的爆發性成長並非源於卓越的技術創新能力，而是在於透過培養忠於小米品牌的粉絲族群進行社群口碑式傳播，大量在線上討論與線下組織活動，分享交流使用小米的心得，中國大陸的小米手機剛推出就賣了數千萬台，更在近期於大陸市場將各大廠商擠下銷售榜。

📶 小米機成功運用社群贏取大量粉絲

全世界都嗅到了這股顯而易見的行銷吸金風潮，企業要做好社群行銷，一定要先善用社群媒體的特性，社群商務的核心是參與感，面對社群就是直接面對消費者，小米機用經營社群，發揮口碑行銷的最大效能，使得小米品牌的影響力能夠迅速在市場上蔓延。隨著近年來社群網站浪潮一波波來襲，社群商務已不是選擇題，而是企業

品牌從業人員的必修課程。不同的社群平台，在上面活躍的使用者也有著不一樣的特性，要做好社群商務前，先得要搞懂社群，再談建立忠實粉絲群。首先必須了解社群商務的四種重要特性。

2-2-1　分享性

　　社群最強大的功能是社交，最大的價值在於這群人共同建構了錯綜複雜的人際網路，由於大家都喜歡在網路上分享與交流，進而能夠提高企業形象與顧客滿意度，企業如果重視社群的經營，除了能迅速傳達到消費族群，也可以透過消費族群分享到更多的目標族群裡，如何增加粉絲對品牌的喜愛度，更有利於聚集潛在客群並帶動業績成長。

　　透過網路創造了影響力強大的社群分享平台，也因網路上太多魚目混珠的商品參考資料，導致消費者開始不信任網路資訊，而期望從值得信任的社群網路中，取得熟悉粉絲對商品的評價。社群並不是一個可以直接販賣銷售的工具，那些人成為你的粉絲，不代表他們就一定想要被你推銷。

　　分享是行銷的終極武器，例如在社群中分享客戶的真實小故事，或連結到官網及品牌社群網站等，絕對會比廠商付費的推銷文更容易吸引人，粉絲到社群是來分享心情，而不是來看廣告，現在的消費者早已厭倦了老舊的強力推銷手法，商業性質太濃反而容易造成反效果，如果粉絲頁內容一直要推銷賣東西，消費者便不會再追蹤這個粉絲頁。

　　社群上相當知名的 iFit 愛瘦身粉絲團，已經建立起全台最大瘦身社群，更直接開放網站團購，後續並與廠商共同開發瘦身商品。創辦人陳韻如小姐主要是經常分享自己的瘦身經驗，除了將專業的瘦身知識以淺顯短文方式表達，強調圖文整合，穿插討喜的自製插畫，搭上現代人最重視的運動減重風潮，讓粉絲感受到粉絲團的用心經營，難怪讓粉絲團大受歡迎。

🔊 陳韻如小姐靠著分享瘦身經驗擁有大量的粉絲

2-2-2　多元性

　　想要把社群上的粉絲都變成客人嗎？掌握平台特性也是個重要關鍵，社群媒體已經對傳統媒體產生了替代效應，由於用戶組成十分多元，觸及受眾也不盡相同，每個社群網站都有其所屬的主要客群跟使用偏好，在愈來愈多的網路社群朝向新媒體轉型發展之後，當各位經營社群媒體前，最好清楚掌握各種社群平台的特性。因為在社群中每個人都可以發聲，也都有機會創造出新社群，因此社群變得越來越多元化，平台用戶樣貌也各自不同。

　　社群行銷的行銷手法與工具之多，簡直讓人眼花撩亂，從事社群行銷，絕對不是只靠 SOP 式的發發貼文，就能夠吸引大批粉絲關心。社群平台為了因應市場的變化，幾乎每天都在調整演算法，由於社群經常更新，全新的平台也不斷產生，隨著不同類型的社群平台相繼問世，已產生愈來愈多的專業分眾社群，想要藉由社群網站告知並推廣自家的企劃活動，就必須抓住各個社群的特徵。尤其市面上那麼多不同的社群平台，首先要避免都想分一杯羹的迷思，要找到自己品牌真正需要的平台，社群行銷因應品牌的屬性、目標客群、產品及服務，應該根據社群媒體不同的特性，訂定社群行銷的專屬策略。

Gap 透過 IG 發布時尚潮流短片，帶來業績大量成長

　　「粉絲多不見得好，選對平台才有效！」經營社群媒體的目的是讓自己更容易被看到，選對自己同溫層的社群相當重要，在擬定社群行銷策略時，你必須要注意「受眾是誰」、「用哪個社群平台最適合」。行銷手法或許跟著平台轉換有所差異，但消費人性是不變，如果你想成功經營社群，就必須設法跟上各種社群的最新脈動。例如在臉書發文則較適合發溫馨、實用與幽默的日常生活內容，使用者多數還是習

慣以文字作為主要溝通與傳播媒介，Twitter 由於有限制發文字數，不過有效、即時、講重點的特性，因此在歐美各國十分流行。

如果各位想要經營好年輕族群，Instagram 就是在全球這波「圖像比文字更有力」的趨勢中，崛起最快的社群分享平台。至於 Pinterest 則有豐富的飲食、時尚、美容的最新訊息。LinkedIn 是目前全球最大的專業社群網站，大多是以較年長，而且有求職需求的客群居多，有許多產業趨勢及專業文章如果是針對企業用戶，那麼 LinkedIn 就會有事半功倍的效果，反而對一般的品牌宣傳是不會有太大效果。如果是針對零散的個人消費者，推薦使用 Instagram 或 Facebook 都很適合，特別是 Facebook 能夠廣泛地連結到每個人生活圈的朋友跟家人。社群行銷時必須多多思考如何抓住口味轉變極快的社群，就能和粉絲間有更多更好的互動，這才是成功行銷的不二法門。

2-2-3　黏著性

社群行銷成功的關鍵字不在「社群」，而在於「連結」！現代人已經無時無刻都藉由行動裝置緊密連結在一起，只是連結型式和平台不斷在轉換，而且能讓相同愛好的人可以快速分享訊息。社群行銷的難處在於如何促使粉絲停留，好處是忠誠度所帶來的「轉換率」，要做社群行銷，就要牢記「不怕有人批評你，只怕沒人討論你」的鐵律。店家光是會找話題，還不足以引起粉絲的注意，贏取粉絲信任是一個長遠的過程，不斷創造話題和粉絲產生連結再連結，讓粉絲常常停下來看你的訊息，透過貼文的按讚和評論數量，來了解每個連結的價值。因為社群而產生的粉絲經濟，是與「人」相關的經濟，「熟悉衍生喜歡與信任」是廣受採用的心理學原理，進而提升粉絲黏著度，強化品牌知名度與創造品牌價值。

蘭芝懂得利用社群來培養網路小資女的黏著度

例如蘭芝（LANEIGE）隸屬韓國 AMORE PACIFIC 集團，主打具有韓系特點的保濕商品，蘭芝粉絲團在品牌經營的策略就相當成功，目標是培養與粉絲的長期關係，為品牌引進更多新顧客，務求把它變成一個每天都必須跟粉絲聯繫與互動的平台，這也是增加社群歸屬感與黏著性的好方法，包括每天都會有專人到粉絲頁去維護留言，將消費者牢牢攬住。

TIPS

> **轉換率（Conversion Rate）**就是網路流量轉換成實際訂單的比率，訂單成交次數除以同個時間範圍內帶來訂單的廣告點擊總數。

2-2-4 傳染性

社群行銷本身就是一種商務與行銷過程，也是創造分享口碑的價值活動，身處社群經濟時代，因為網路科技的進展，受眾的溝通形式不斷改變，行銷本身就是一種內容行銷，不能光只依靠社群連結的力量，更要用力從內容下手，內容一定要有梗。許多人做社群行銷，經常只顧著眼前的業績目標，妄想要一步登天式的成果，然而經營社群網路需要時間與耐心經營，行銷內容一定要有梗，因為有梗的內容能在「吵雜紛擾」的社群世界脫穎而出，過程是創造分享口碑價值的活動，目標是想辦法激發粉絲有初心來使用推出的產品。

奈 統一陽光豆漿結合歌手以 MV 影片行銷產品

　　行銷高手都知道要建立產品信任度是多麼困難的一件事，首先要推廣的產品最好需要某種程度的知名度，接著把產品訊息置入互動的內容，透過網路的無遠弗屆以及社群的口碑效應，同時拉大了傳遞與影響的範圍，透過現有顧客吸引新顧客，利用口碑、邀請、推薦和分享，在短時間內提高曝光率，潛移默化中把粉絲變成購買者，造成了現有顧客吸引未來新顧客的傳染效應。

記者唐守怡／台北報導
圖片提供／澳大利亞昆士蘭州觀光旅遊局

「世界上最理想的工作」大堡礁群島保育員
標準時間2月22日截止，應徵影片如雪片般從各
來，前50名候選人名單將在3月2日公佈，34,6
有181位來自台灣。3月2日～3月24日，上網票
選人，得票最高者將擠進外卡，直接晉升面試

待外卡候選人名單出爐，昆士蘭旅遊局及各
將從前50名初選名單中挑選10位候選人進入第

TIPS

使用者創作內容（User Generated Content,UCG）行銷是代表由使用者來創作內容的一種行銷方式，這種聚集網友創作來內容，也算是近年來蔚為風潮的數位行銷手法的一種，可以看成是一種由品牌設立短期的行銷活動，觸發網友的積極性，去參與影像、文字或各種創作的熱情，這種由品牌來設立短期行銷活動，使廣告不再只是廣告，不僅能替品牌加分，也讓網友擁有表現自我的舞台，讓每個參與的消費者更靠近品牌。

「大堡礁島主」活動是透過社群傳染性來進行的 UCG 行銷

👥 2-3 品牌社群行銷的贏家心法

　　社群行銷不只是一種網路商務工具的應用模式，還能促進真實世界的銷售與客戶經營，並達到提升黏著度、強化品牌知名度與創造品牌價值。時至今日，品牌或商品透過社群行銷儼然已經成為一股顯學，近年來已經成為關注焦點進入越來越多商家與專業行銷人的視野。

📶 許多默默無名的品牌透過社群行銷而爆紅

　　品牌（Brand）就是一種識別標誌，也是一種企業價值理念與商品優異的核心體現，甚至品牌已經成長為現代企業的寶貴資產，我們可以形容品牌就是代表店家或企業對客戶的一貫承諾，最終目的不只是要追求銷售量與效益，而是重新思維與定位自身的品牌策略，最重要的是要能與消費者引發「品牌對話」的效果。過去企業對品牌常以銷售導向做行銷，忽略顧客對品牌的定位認知跟了解，隨著目前社群的影響力愈大，培養和創造品牌的過程是一種不斷創新的過程。

　　例如最近相當熱門的蝦皮購物平台在進行社群行銷的終極策略就是「品牌大於導購」，有別於一般購物社群把目標放在導流上，他們堅信將品牌建立在顧客的生活中，建立在大眾心目中的好印象才是現在的首要目標。社群品牌行銷要成功，首先要改變傳統思維，成功的關鍵在於與客戶建立連結，正所謂「戲法人人會變，巧妙各有不同」，想要開始經營你的社群，就必須遵守社群品牌行銷的四大贏家心法。

2-3-1　一擊奏效的品牌定位原則

　　企業所面臨的市場就是一個不斷變化的環境，而消費者也變得越來越聰明，首先我們要了解並非所有消費者都是你的目標客戶，企業必須從目標市場需求和市場行銷環境的特點出發，特別應該要聚焦在目標族群，透過環境分析階段了解所處的市場位置，對於不同的目標，你需要有多種廣告活動，以及對應不同意圖的目標受眾，再透過社群行銷規劃競爭優勢與精準找到目標客戶。

　　東京著衣創下了網路世界的傳奇，更以平均每二十秒就能賣出一件衣服，獲得網拍服飾業中排名第一，就是因為打出了成功的品牌定位策略。東京著衣的定位策略主要是以臺灣與大陸的年輕女性所追求大眾化時尚流行的平價衣物為

東京著衣經常透過臉書與粉絲交流

主。產品行銷的初心在於不是所有消費者都有能力去追逐名牌，許多年輕族群希望能以平價的價格買到物超所值的服飾，根據調查，大部分年輕使用者選擇了更具個人空間的社群平台，東京著衣就特別選擇臉書與 IG 作為行銷平台，並以不同單品搭配出風格多變的精美造型圖片，讓大家用平價實惠的價格買到喜歡的商品，更進一步採用「大量行銷」來滿足大多數女性顧客的需求。

2-3-2　打造粉絲完美互動體驗

　　「做社群行銷就像談戀愛，多互動溝通最重要！」許多人做社群行銷，經常只顧著眼前的業績目標，想要一步登天式的成果，然而經營社群網路需要時間與耐心經營，目標是想辦法激發粉絲初次使用產品的興趣。店家或品牌靠社群力量吸引消費者來購買，一定要掌握雙向溝通的原則，「互動」才是真正社群行銷的精

髓所在。各位增加品牌與粉絲們的互動，其實就如同交朋友一樣，從共同話題開始會是萬無一失的方法！因為提升粉專互動度可以有效提升曝光率，這也是每個粉專經營都非常需要的功課。

很多店家開始時都將目標放在大量的追蹤者，不過缺乏互動的追蹤者，對品牌而言幾乎是沒有益處。如同日常生活中的朋友圈，社群上的用語要人性化，才顯得真誠有溫度，因為他們是很想知道答案才會發問，回答粉絲的留言要將心比心，用心回覆粉絲貼文是提升商品信賴感的方式，所以只要想像自己有疑問時，希望得到什麼樣的回答，就要用同樣的態度回覆留言。由於貼文的內容要吸引粉絲的注意，當然就不能一昧地推銷自家產品比別人好，粉絲絕對不是為了買東西而使用社群，也不是為了撿便宜而對某一主題按讚，盡量要像是與好朋友面

桂格燕麥與粉絲的互動就相當成功

對面講話聊天一般，這樣的作法會讓讀者感到被尊重，進而提升對品牌的好感，如此就有了購買的機會和衝動，如果不能積極回覆粉絲的留言，粉絲也會慢慢離開你。

2-3-3 瞬間引爆的社群連結技巧

由於行動世代已經成為今天的主流，社群媒體仍是全球熱門入口 App，我們知道社群平台可以說是依靠行動裝置而壯大，Facebook、Instagram、LINE、Twitter、SnapChat、YouTube 等各大社群媒體，早已經離不開大家的生活，社群的魅力在於它能自己滾動，由於青菜羅蔔喜好各有不同，社群行銷之前必須找到消費者愛用的社群平台進行溝通。由於所有行銷的本質都是「連結」，對於不同受眾來說，需要以不同平台進行推廣，因此社群平台間的互相連結能讓消費者討論熱度和延續的時間更長，理所當然成為推廣品牌最具影響力的方式之一。

　　每個社群都有它獨特的功能與特點，社群行銷的特性，往往是一切都是因為「連結」而提升，了解顧客需求並實踐顧客至上的服務，建議各位可將上述的社群網站都加入成為會員，品牌也要開始尋找其他適當社群行銷平台，只要有行銷活動就將訊息張貼到這些社群網站，或是讓這些社群相互連結，不過切記，從內容策略到受眾規劃都必有所不同，不要只會一成不變投放重複的資訊，才能真正受到更多粉絲關注。一旦連結建立的很成功，「轉換」就變成自然而然，如此一來就能增加網站或產品的知名度，大量增加商品的曝光機會，讓許多人看到你的行銷內容，對你的內容產生興趣，最後採取購買的行動，以發揮最大成效。

2-3-4　定期追蹤與分析行銷成效

　　隨著社群時代來臨，行銷的本質和方法已經悄悄改變，社群行銷的模式千變萬化，沒有所謂最有效的方法，只有適不適合的策略。社群行銷常被認為是較精準的行銷，例如臉書平台具備全世界最精準的「分眾」能力（Segmentation），「分眾」即是多采多姿的興趣社團、五花八門的品牌與產品粉絲專頁，更是長尾理論（The Long Tail）的具體呈現。

> 👍 **TIPS**
>
> 克里斯・安德森（Chris Anderson）於 2004 年首先提出長尾效應（The Long Tail）的現象，也顛覆了傳統以暢銷品為主流的觀念。由於實體商店都受到 80/20 法則理論的影響，多數店家都將主要資源投入在 20% 的熱門商品（big hits），過去一向不被重視，在統計圖上像尾巴一樣的小眾商品，因為全球化市場的來臨，即眾多小市場匯聚成可與主流大市場相匹敵的市場能量，可能就會成為具備意想不到的大商機，足可與最暢銷的熱賣品匹敵。

由於它是所有媒體中極少數具有「可被測量」特性的新媒體，可以透過各種不同方式來進行轉換評估，在網路上只有量化的數據才是數據，店家可以透過分析數據，看見社群行銷的績效與粉絲團經營數據分析，進而輔助調整產品線或創新服務的拓展方向。

　　行銷當然不可能一蹴可幾，任何行銷活動都有其目的與價值存在，如果我們花費大量金錢與時間來從事社群行銷，進而希望提高網站或產品曝光率，當然要研究與追蹤社群行銷的效果。例如用戶可以透過 Google Analytics 或臉書的洞察報告的分析等免費分析工具，提供廠商追蹤使用者的詳細統計數據，包括流量、獨立不重複訪客（Unique User, UV）、下載量、停留時間、訪客成本和跳出率（Bounce rate）、粉絲數、追蹤數與互動率等。

(((・ 粉絲專頁的洞察報告相關數據總覽資訊

👍 TIPS

不重複訪客是在特定的時間內所獲得的不重複（只計算一次）訪客數目，如果來造訪社群的一台電腦用戶端視為一個不重複訪客，所有不重複訪客的總數。**跳出率（Bounce Rate）**是指單頁造訪率，也就是訪客進入網站後在固定時間內（通常是 30 分鐘），只瀏覽了一個頁面就離開社群的次數百分比，這個比例數字越低越好，愈低表示你的內容抓住網友的興趣。

2-4　社群行銷的番外加強版

　　當我們談到行銷技巧的美感，就像一件藝術作品，在於它擁有無限的想像空間。網路時代來臨，也迅速為社群應用帶來一股強大浪潮，企業與品牌必須思考社群行銷的創意整合策略。社群行銷工具如此多，而且不同流量對店家而言代表了不同意義，行銷的重要關鍵不但是要找到對的目標族群，還必須充分結合一些熱門數位行銷技巧，才能同時為品牌社群行銷帶來更多可能性，接下我們將要告訴各位這些藏在成功品牌背後的社群行銷的番外加強攻略。

2-4-1　病毒式行銷

　　「病毒式行銷」（Viral Marketing）主要方式倒不是設計電腦病毒讓造成主機癱瘓，它是利用一個真實事件，以「奇文共賞」的模式分享給周遭朋友。身處在數位世界，每個人都是一個媒體中心，可以快速的自製並上傳影片、圖文，行銷如病毒般擴散，並且一傳十、十傳百地快速轉寄這些精心設計的商業訊息。病毒行銷要成功，關鍵是內容必須在「吵雜紛擾」的網路世界脫穎而出，才能成功引爆話題。

　　例如網友自製的有趣動畫、視訊、賀卡、電子郵件、電子報等形式，其實都是很好的廣告作品，如果商品或這些商業訊息具備感染力，傳播速度之迅速，實在難以想像。由於口碑推薦會比其他廣告行為更具說服力，例如當觀眾喜歡一支廣告，且認為討論、分享這些內容能帶來社群效益，病毒內容才可能擴散，同時也會帶來人氣。簡單來說，兩個功能差不多的商品放在消費者面前，只要其中一個商品多了「人氣」的特色，消費者就容易有了選擇的衝動。

🛜 臉書創辦人祖克柏也參加 ALS 冰桶挑戰賽

2-19

2014 年由美國漸凍人協會所發起的冰桶挑戰賽，就是一個善用社群媒體來進行病毒式行銷的成功活動。這次公益活動的發起是為了喚醒大眾對於肌萎縮性脊髓側索硬化症（ALS），俗稱漸凍人的重視。挑戰方式很簡單，志願者可以選擇在自己頭上倒一桶冰水，或是捐出 100 美元給漸凍人協會。除了被冰水淋濕的畫面很聳動，正足以滿足人們的感官樂趣，再加上活動本身簡單、有趣，更獲得不少名人加持，讓社群討論、分享、甚至參與這個活動變成一股潮流，不僅表現個人對公益活動的關心，也和朋友多了許多聊天話題。

> **👍 TIPS**
>
> **話題行銷（Buzz Marketing）**，或稱蜂鳴行銷，和口碑行銷類似，企業或品牌利用最少的方法主動進行宣傳，在討論區引爆話題，造成人與人之間的口耳相傳，如蜜蜂在耳邊嗡嗡作響的 buzz，然後再吸引媒體與消費者熱烈討論。

2-4-2 飢餓行銷

「稀少訴求」（scarcity appeal）在行銷中是經常被使用的技巧，飢餓行銷（Hunger Marketing）是以「賣完為止、僅限預購」這樣的稀少訴求來創造行銷話題，就是「先讓消費者看得到但買不到！」，製造產品一上市就買不到的現象，利用顧客期待的心理進行商品供需控制的手段，促進消費者購買該產品的動力，讓消費者覺得數量有限不買可惜。

「我也不知道為什麼？」許多產品的爆紅是一場意外，例如前幾年在超商銷售的日本「雷神」巧克力，吸引許多消費者瘋狂搶購，竟然連臺灣人到日本旅遊，也會把貨架上的雷神全部掃光，一時之間，成為最紅的飢餓行銷話題。

　 雷神巧克力是充分運用飢餓行銷的經典範例

　　此外，各位可能無法想像大陸熱銷的小米機也是靠社群＋飢餓行銷模式，特別是小米將這種方式用到了社群行銷的極致，藉由數量控制的手段，每每在新產品上市前與初期，都會刻意宣稱產量供不應求，此舉不但能保證小米較高的曝光率，且往往新品剛推出就賣了數千萬台，就是利用「缺貨」與「搶購熱潮」瞬間炒熱話題。在小米機推出時的限量供貨被秒殺開始，即刻意在上市初期控制數量，維持米粉的飢渴度，造成民眾瘋狂排隊搶購熱潮，促進消費者追求該產品的動力，直到新聞話題炒起來後，就開始正常供貨。

2-4-3　原生廣告

　　隨著消費者行為對於接受廣告自主性越來越強，除了對於大部分的廣告沒興趣之外，也不喜歡那種被迫推銷的感覺，反而讓廣告主得不到行銷的效果。如何讓訪客瀏覽體驗時的干擾降到最低，盡量以符合網站內容不突兀形式出現，一直是廣告業者努力的目標。原生廣告（Native advertising）就是近年受到熱門討論

的廣告形式，主要呈現方式為圖片與文字描述，不再守着傳統的橫幅式廣告，而是圍繞着使用者體驗和產品本身，可以將廣告與網頁內容無縫結合，讓消費者根本沒發現正在閱讀一篇廣告，點擊率通常是一般顯示廣告的兩倍。

原生廣告不論在內容型態、溝通核心，或是吸睛度都有絕佳的成效，改變以往中斷消費者體驗的廣告特點。換句話說，那些你一眼就能看出是廣告的廣告，就不能算是原生廣告。原生廣告轉而融入消費者生活，讓瀏覽者不容易發現自己正在看的其實是一則廣告，目的就是為了要讓廣告「不顯眼」（unobtrusive），卻能自然勾起消費者興趣。例如生產蜂膠、奶粉的易而善公司就成功透過社群原生廣告，用戶在電腦或行動裝置上看到廣告，就可立即點擊、並立即以手機索取體驗包，試用滿意再購買。

原生廣告不中斷使用者體驗，大幅提升使用者的接受度，效果勝過傳統橫幅廣告，是目前社群廣告的趨勢。例如透過與地圖、遊戲等行動 App 密切合作客製的原生廣告，能夠更自然的呈現，像是 Facebook 與 instagram 廣告與贊助貼文，天衣無縫的將廣告完美融入網頁，或者 Line 官方帳號也可視為原生廣告的一種，由用戶自行選擇是否加入該品牌官方帳號，自然會增加消費者對品牌或產品的黏著度，都能在不知不覺中讓消費者願意點選、閱讀並主動分享，甚至刺激消費者的購買慾。

📶 易而善公司的行動原生廣告讓業績開出長紅

📶 Line 官方帳號也可視為原生廣告的呈現方式

2-4-4 電子郵件與電子報行銷

電子郵件行銷（Email Marketing）是許多企業喜歡的行銷手法，雖然一直都不是個新的行銷手法，但卻是跟顧客聯繫感情不可或缺的工具，例如將含有商品資訊的廣告內容，以電子郵件的方式寄給不特定的粉絲，也算是一種「直效行銷」。隨著行動科技快速發達，擁有智慧型手機的使用者人數節節攀升，由於越來越多人會使用行動裝置來瀏覽信件匣，根據統計，現今幾乎有高達 68％ 的人會使用行動裝置來收發電子郵件，在社群行銷盛行的時代，全球電子郵件每年仍以 5％ 的幅度持續成長中。如何讓 Email 配合社群行銷的效果更上一層樓？例如 7-11 網站常常會為會員舉辦活動，並經常舉辦折扣或是抽獎等誘因，讓會員樂意經常接到 7-11 的產品訊息郵件，或者能與其他媒介如社群平台和簡訊整合，是消費者參與互動最有效的管道。

電子報行銷（Email Direct Marketing）也是一個主動出擊的行動行銷戰術，目前電子報行銷依舊是企業經營老客戶的主要方式，多半是由使用者訂閱，再經由信件或網頁的方式來呈現行銷訴求。由於電子報費用相對較低，加上可以追蹤，這種作法將會大大的節省行銷時間及提高成交率。電子報行銷的重點是搜尋與鎖定目標族群，缺點是並非所有收信者都會有興趣去閱讀電子報，因此所收到的廣告效益往往不如預期。

電子報的發展歷史已久，然而隨著時代改變，使用者的習慣也改變了，如何提升店家電子報的開信率，成效取決於電子報的設計和規劃。在打開你的電子報時能擁有良好的閱覽體驗，加上運用和讀者對話的技巧，進而吸引讀者的注意。設計社群電子報的方式也必須有所改變，必須讓電子報在不同裝置上，都能夠清楚傳

🛜 遊戲公司經常利用電子報與玩家的互動

達訊息,在手機上也不適合看太長的文章,點擊電子報之後的到達頁(Landing Page)也應該要能在行動裝置上妥善顯示等。常被用來提升轉換率的 CTA(Call To Action)紐,更是要好好利用,是整封電子報相當重要的設計,這樣的設計都能讓收信者進而點開電子報閱讀。

2-4-5 網紅行銷

在行動裝置時代來臨之後,越來越多的素人走上行群平台,虛擬社交圈更快速取代傳統銷售模式,這與行動網路的高速發展與普及密不可分,為各式產品創造龐大的銷售網絡,網紅行銷可算是各大品牌近年最常使用的手法。網紅行銷(Internet Celebrity Marketing)並非是一種全新的行銷模式,就像過去品牌找名人代言,主要是透過與藝人結合,提升本身品牌價值。例如過去的遊戲產業很喜歡用的代言人策略,每一套新遊戲總是要找個明星來代言,花大錢找當紅的明星代言,最大的好處是會保證有一定程度以上的曝光率,不過這樣的成本花費,也必須考量到預算與投資報酬率。相對於企業砸重金請明星代言,網紅的推薦甚至可以讓廠商業績翻倍,素人網紅似乎在目前的社群平台更具說服力,逐漸取代過去以明星代言的行銷模式。

由於社群平台在現代消費過程中已扮演一個不可或缺的角色,隨著網紅經濟的快速風行,許多品牌選擇借助網紅來達到口碑行銷的效果,網紅通常在網路上擁有大量粉絲群,就像平常生活中的你我一樣,加上與眾不同的獨特風格,很容易讓粉絲就產生共鳴,使得網紅成為人們生活中的流行指標。

阿滴跟滴妹在國內是英語教學界的網紅

過去民眾在社群軟體上所建立的人脈和信用，如今成為可以讓商品變現的行銷手法，不推銷東西的時候，平日是粉絲的朋友，做生意時他們搖身一變成為網路商品的代言人，而且可以向消費者傳達更多關於商品的評價和使用成效。這股由粉絲效應所衍生的現象，能夠迅速將個人魅力作為行銷訴求，利用自身優勢快速提升行銷有效性，充分展現了社群文化的蓬勃發展。

網紅行銷的興起對品牌來說是個絕佳的機會點，因為社群持續分眾化，現在的人是依照興趣或喜好而聚集，所關心或想看內容也會不同，網紅就代表著這些分眾社群的意見領袖，反而容易讓品牌迅速曝光，並找到精準的目標族群。他們可能意外地透過偶發事件爆紅，也可能經過長期的名聲累積，企業想將品牌延伸出網紅行銷效益，除了網紅在社群平台上必須具有相當人氣外，還要能夠把個人品牌價值轉化為商業品牌價值，最好還能透過內容行銷來對粉絲產生深度影響，才能真正具有足夠說服力來帶動銷售。

張大奕是大陸知名的網紅代表人物，代言身價直追范冰冰

本章 Q&A 練習

1. 何謂網路經濟（Network Economy）？網路效應（Network Effect）？

2. 請簡介擾亂定律（Law of Disruption）。

3. 請簡介梅特卡夫定律。

4. 何謂「消費者對消費者」（consumer to consumer, C2C）模式？

5. 請簡介社群商務（Social Commerce）的定義。

6. 網路行銷的定義為何？

7. 請簡述行銷的內容。

8. 請問如何增加粉絲對品牌的黏著性？

9. 請問如何在社群中進行分享，試舉例說明。

10. 何謂轉換率（Conversion Rate）？

11. 哪些是社群行銷的四種 DNA ？

12. 何謂使用者創作內容（User Generated Content, UCG）行銷？

13. 試簡述品牌（Brand）的意義與內容。

14. 哪些是品牌社群行銷的贏家心法？

15. 長尾效應（The Long Tail）有哪些結果？

16. 何謂飢餓行銷？

17. 請簡介電子報行銷（Email Direct Marketing）。

18. 請簡介原生廣告（Native advertising）。

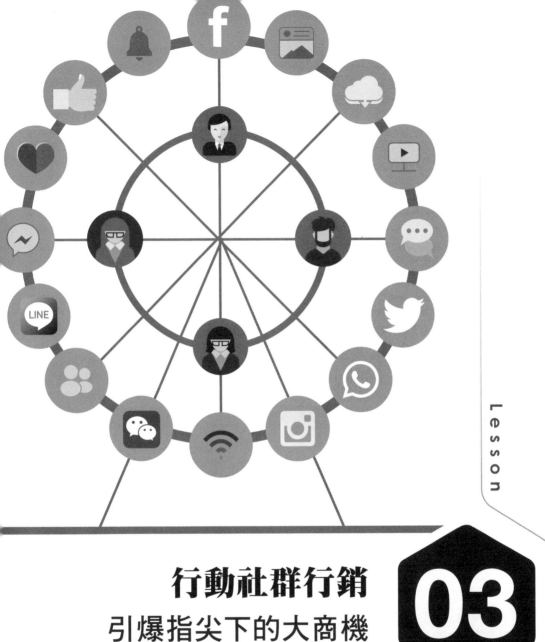

行動社群行銷

引爆指尖下的大商機

03

- ▶ 行動社群的發展
- ▶ 行動社群行銷的特性
- ▶ App 商機與全通路行銷
- ▶ 行動支付的熱潮

隨著 4G 行動寬頻、網路和雲端服務（Cloud Service）產業的帶動下，全球行動裝置快速發展，結合無線通訊無所不在的行動裝置，充斥著我們的生活，這股「新眼球經濟」所締造的市場經濟效應，正快速連結身邊所有的人、事、物，改變著我們的生活習慣，讓現代人在生活模式、休閒習慣和人際關係上有了前所未有的全新體驗。

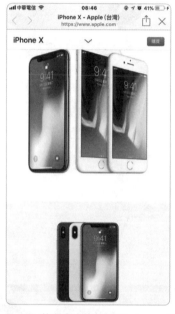

蘋果最新推出的 Iphone X 手機與平板電腦 - ipad pro

圖片來源：http://www.apple.com/tw/

智慧型手機的大量普及，揭開了企業行動行銷的序幕

TIPS

「雲端」其實就是泛指「網路」，「雲端服務」（Cloud Service），其實就是「網路運算服務」，如果將這種概念進而衍伸到利用網際網路的力量，透過雲端運算將各種服務無縫式的銜接，讓使用者可以連接與取得由網路上多台遠端主機所提供的不同服務。

　　公車上、人行道、辦公室，處處可見埋頭滑手機的低頭族，隨著愈來愈多網路社群提供了行動版的行動社群，透過手機使用社群的人口正在快速成長，特別是年輕人喜愛行動購物，創造社群行動力是關鍵，快速形成所謂行動社群網路（mobile social network），不但是一個消費者習慣改變的結果，資訊也具備快速擴散及傳輸便利特性。

👍 **TIPS**

5G（Fifth-Generation）指的是行動電話系統第五代，也是 4G 之後的延伸，由於大眾對行動數據的需求年年倍增，因此就會需要第五代行動網路技術，現在我們已經習慣用 4G 頻寬欣賞愈來愈多串流影片，5G 很快就會成為必需品，5G 智慧型手機即將在 2019 年上半年正式推出，宣告高速寬頻新時代正式來臨，屆時除了智慧型手機，5G 還可以被運用在無人駕駛、智慧城市和遠程醫療領域。5G 技術是整合多項無線網路技術而來，對一般用戶而言，最直接的感覺是 5G 比 4G 又更快、更不耗電，5G 不只注重飆速度，更重視網路的效率，也更方便各種新的無線裝置。預計未來將可實現10 G bps 以上的傳輸速率。這樣的傳輸速度下，

▲遠傳在 FETnet 官網與行動客服 App 皆設置 4G 專區，具有與 3G 對比的速度實測影片、遠傳 4G 絕配雙頻、涵蓋範圍至 4G 絕配費率等 4G 資訊介紹，以及 4G 最新產品和用量管理等服務。

📶 LTE 已經成為全球發展 4G 技術主流

可以在短短 6 秒中，下載 15 GB 完整長度的高畫質電影，由於 5G 的速度非常快，所以未來影音行銷必然會變得更為普通。

👥 3-1 行動社群的發展

　　身處 Web 3.0 時代最大不同之處是社群力量的主導與應用，透過你的人際關係來加值其他服務，現在我們不再需要主動在網路上查詢資訊，因為這些資訊會主動在適當的時間、地點向網友傳達所需要的資訊，並藉由社群媒體廣泛的擴散。隨著網路資訊的爆炸與泛濫，整理、分析、過濾、歸納資料更顯得重要，而且基於不同需求來篩選，同時還能夠幫助使用者輕鬆獲取感興趣的資訊。

隨著平常使用社群媒體的用戶正在慢慢減少對桌機（PC）的依賴，轉而普遍使用智慧型手機及平板電腦。現今透過行動與社群兩大新興科技結合，利用手機參與社群的人口正在快速成長，使資訊有機會觸及更多的群眾，引領我們進入「新互動時代」，進而發展成以社群為中心來分享資源的行動行銷新媒體。

行動社群逐漸在行銷應用服務的領域中受到矚目性地討論，行動社群平台黏著度高，商家可以透過行動社群人際關係的連結來加值其他服務，以大幅降低行銷成本。簡單來說，利用行動社群媒體，小品牌也能在市場上佔有一席之地，行動行銷業者也樂於搭乘這波行動社群旋風，並依此獲取更多行動行銷的營收商機。

TT 面膜的行動社群行銷非常成功

3-1-1 SOMOLO 模式

身處行動社群網路時代，有許多店家與品牌在 SoLoMo（Social、Location、Mobile）模式中趁勢而起，所謂 SoLoMo 模式是由 KPCB 合夥人約翰、杜爾（John Doerr）在 2011 年所提出的一個趨勢概念，強調「在地化的行動社群活動」，主要是因為行動裝置的普及和無線技術的發展，讓 Social（社群）、Local（在地）、Mobile（行動）三者合一能更為緊密結合，顧客會同時受到社群（Social）、行動裝置（Mobile）、以及本地商店資訊（Local）的影響，稱為 SOMOLO 消費者，代表行動時代消費者會有以下三種現象：

- **社群化（Social）**：在行動社群網站上互相分享內容已經是家常便飯，很容易可以仰賴社群中其他人對於產品的分享、討論與推薦。

- **行動化（Mobile）**：民眾透過手機、平板電腦等裝置，隨時隨地查詢產品或直接下單購買。

- 在地化（**Local**）：透過即時定位找到最新、最熱門的消費場所與店家的訊息，並向本地店家購買服務或產品。

　　SOMOLO 模式將行銷傳播社群化、在地化、行動化，也就是無時無刻都在使用手機行動上網，並且尋找在地最新資訊的現代人生活形態，也已經成為一種日常生活中不可或缺的趨勢。今日的消費者利用行動裝置，隨處即時獲取最新消息，讓商家更即時貼近目標顧客與族群，產生隨處即時的互動與溝通。例如各位想找一家性價比（CP 值）高的餐廳用餐，透過行動裝置上網與社群分享的連結，而藉由適地性找到附近的口碑不錯的用餐地點，都是 SoLoMo 最常見的生活應用。

3-2 行動社群行銷的特性

　　現代人人手一機，人們的視線已經逐漸從電視螢幕轉移到智慧型手機上，從網路優先（Web First）向行動優先（Mobile First）靠攏的數位浪潮上，而且這股行銷趨勢越來越明顯。品牌要做好行動社群行銷，一定要先善用社群媒體的特性，行動社群行銷已不是選擇題，而是企業行銷人員的必修課程。行動社群平台間的競爭可以說是越來越激烈，想要在行銷領域嶄露頭角，除了抓緊現在行動消費者的「四怕一沒有」：怕被騙、怕等待、怕麻煩、怕買貴以及沒時間這五大特點，避免服務失敗帶來的負面效應，首先就必須了解行動社群行銷的四種重要特性。

3-2-1 隨處性

　　行動化已經成為一股勢不可擋的力量，「消費者在哪裡、品牌行銷訊息傳播就到哪裡！」。目前行動通訊範圍幾乎涵蓋現代人活動的每個角落，隨著人們停留在行動社群平台的時間越來越多，消費者不論上山下海隨時都能帶著行動裝置到處跑，正因為隨處性（Ubiquity）這個特性，讓社群行為中最受到歡迎的功能，包

括照片分享、位置服務即時線上傳訊、影片上傳下載、打卡等功能變得更能隨處使用，然後再藉由社群媒體廣泛的擴散效果，透過朋友間的串連、分享、社團、粉絲頁的高速傳遞，使品牌與行銷資訊有機會觸及更多的顧客。

👍 TIPS

打卡（在臉書上標示所到之處的地理位置）是普遍流行的現象，透過臉書打卡與分享照片，更讓學生、上班族、家庭主婦都為之瘋狂。例如餐廳給來店消費打卡者折扣優惠，利用臉書粉絲團商店增加品牌業績，對店家來說也是接觸大眾最普遍的管道之一，更是國人最愛用的社群網站。

🛜 可口可樂的行動社群行銷規劃相當成功

3-2-2　即時性

行動網路的大量普及，打破了人們原本固有的時間板塊，碎片化時代（Fragmentation Era）來臨，如何抓緊粉絲的目光是重要行銷關鍵，消費者對即時性的需求持有更高期待。當消費者產生購買意願時，習慣透過行動裝置這類最貼身工具達到目的，即時又便利的訊息能夠讓品牌被消費者所選擇，此時最容易能吸引他們對於行銷訴求的注意。

傳統社群操作模式需要經由桌上電腦接觸到店家的行銷資訊，然而行動社群行銷的核心就是即時參與感，消費者透過行動裝置可以邊看邊移動到店面所在，能夠有效提高行銷範圍與加速商品成交的可能。例如外出旅遊時，直接利用手機搜尋天氣、路線、當地名勝、商圈、人氣小吃與各種消費資訊等等，只要消費者看到有興趣的消費資訊，可以馬上打電話給店家詢問，店家也可以馬上知道行銷成效，並進一步進行調整與服務，不但增加購物的多元選擇，更能進一步加深品牌或產品的印象。

🛜 行動社群行銷提供即時購物商品資訊

👍 TIPS

所謂碎片化時代（Fragmentation Era），是代表現代人的生活被很多碎片化的內容所切割，因此想要抓住受眾的目光越來越難，同樣的，品牌接觸消費者的地點也越來越不固定，接觸消費者的時間也越來越短暫，碎片時間搖身一變成為贏得消費者的黃金時間，店家想在行動、分散、碎片的條件下讓消費者動心，成為現今行動社群行銷的重要課題。

3-2-3　個人化

行動設備將是一種比桌上型電腦更具個人化（Personalization）特色的裝置，傳統社群多半使用 IP 來辨別使用者身分，同一 IP 可能擁有多個使用者，而行動社群中一部硬體就代表一個單獨使用者，很容易協助廣告主更精準鎖定目標顧客，將可以發揮有別於大量傳播訊息管道的效果，真正進行一對一的行銷，發揮以行動社群的「專注閱讀」特性，讓消費者感到賓至如歸以及獨特感。

目前以年輕族群為主的滑世代，已經從過往需要被教育的角色，轉變到主動搜尋訊息來主導一切的特質。行動社群行銷的最大價值，就是可以依照個人經驗所打造的專屬客製化行銷內容和服務，讓消費者覺得這個訊息似乎是專門為我設計，個人化的特性帶給社群行銷的客製化價值。例如在 NIKEiD.com 官網上，顧客可以選擇鞋款、材質、顏色等各種選項，並提交自己的設計，甚至於藉由 NIKEiD AR 機台，在手機或平板上進行選色後，還能馬上投影於眼前，最後直接到店面拿到個人專屬的鞋款，特定訂單可享有免費寄送與退貨服務。

🛜 NIKE 近來也提供客製化的服務

3-2-4　定位性

定位性（Localization）的行銷活動長期以來一直是廣告主的夢想。它代表能夠透過行動裝置探知消費者目前所在的地理位置，並能即時將行銷資訊傳送到對的客戶手中，還可以隨時追蹤並且定位，甚至搭配如 GPS 技術，結合上適地性（Location-Based Service, LBS）的概念，便能讓廠商主動去接觸消費者，讓使用者的購物行為可以根據地理位置的偵測，而非被動的等待被搜尋，以此即可靈活的提供適地性行動行銷服務。

臺灣奧迪汽車推出可免費下載的 Audi Service App，專業客服人員提供全年無休的即時服務，為車主提供快速且完整的行車資訊，並且採用最

🛜 奧迪汽車推出 Audi Service App，並採用行動定位技術

新行動定位技術，當路上有任何緊急或車禍狀況發生時，只需按下聯絡按鈕，客服中心與道路救援團隊可立即定位取得車主所在位置。

行動社群行銷的好處的不單只是社群網路平台的廣為流行，而是一個消費者習慣改變的結果。所有商品與行銷訊息的推出，都是店家事先洞悉消費者需求進而創新的產出結果，例如消費者能夠立即得到想要的消費訊息與店家位置，甚至於超值的優惠方案。

TIPS

> 全球定位系統（Global Positioning System, GPS）是透過衛星與地面接收器，達到傳遞方位訊息、計算路程、語音導航與電子地圖等功能。「定址服務」（Location Based Service, LBS）或稱為「適地性服務」，是一種相當成功的環境感知的創新應用，例如提供及時的定位服務，達到更佳的個人化服務，從許多手機加值服務的消費行為分析，都可以發現地圖、定址與導航資訊主要是消費者的首選。

3-3　App 商機與全通路行銷

隨著全球快速興起 App 熱潮，所謂 App 就是 Application 的縮寫，就是軟體開發商針對智慧型手機及平版電腦所開發的一種應用程式，App 涵蓋的功能包括了圍繞於日常生活的的各項需求。有了行動 App，企業就等同於建立自己的自媒體，企業爭先恐後以 App 結合社群行銷，在 App 大海中抓住使用者的目光和手指，許多知名購物商城或網路社群，因為擁有豐富的粉絲資料，開發專屬 App 也已成為品牌與網路店家必然趨勢，快速吸引消費者的目光，佔領用戶的手機桌面，促進和幫助企業實現精準行銷，也成為當前最大行動社群行銷的熱門議題。

隨著線下（off line）跟線上（on line）的界線逐漸消失，當消費者購物的大部分重心已經轉移到線上時，通路其實就不單僅於實體店、網路商城、行動購物、App、社群等，特別是社群全通路的整合是各界關注的重點。

3-3-1　行動線上服務平台

　　由於智慧型手機能夠依使用者的需求來安裝各種 App，為了增加作業系統的附加價值，蘋果與 Google 都針對其行動裝置作業系統所開發的 App，推出了線上服務的平台，線上服務平台能夠提供多樣化的應用軟體、遊戲等，透過 App 滿足行動使用者在實用、趣味、閱聽等方面的需求之外，讓消費者在購買其智慧型手機後，能夠方便的下載其所需求的各式軟體服務，App 勢將將成為高度競爭市場，更是一種歷久不衰的行動商務與行銷模式。

···> **App Store**

　　App Store 是蘋果公司針對使用 iOS 作業系統的系列產品，如 iPod、iPhone、iPAD 等，所開創的一個讓網路與手機相融合的新型經營模式，iPhone 用戶可透過手機、上網購買或免費試用裡面 App，與 Android 的開放性平台最大不同是，App Store 上面的各類 App，都必須事先經過蘋果公司嚴格的審核，確定沒有問題才允許放上 App Store 讓使用者下載，再加上裝置軟硬體皆由蘋果控制，因此 App 不容易有相容性的問題。目前 App Store 上面已有數百萬個 Apps。用戶只需要在 App Store 程式中點幾下，就可以輕鬆的更新並且查閱任何 App 的資訊。App Store 除了將所販售軟體加以分類，讓使用者方便尋找外，還提供了方便的金流和軟體下載安裝

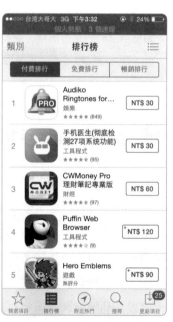

🛜 **App Store 首頁畫面**

方式，甚至有軟體評比機制，讓使用者有選購的依據。店家如果將 App 上架 至 App Store 銷售，就好像在百貨公司租攤位銷售商品一樣，每年必須付給 Apple 年費 \$99 美金，想要上架多少個 App 都可以。

Google play

Google 也推出針對 Android 系統所開發 App 的一個線上應用程式服務平台 -Google Play，允許用戶瀏覽和下載使用 Android SDK 開發，並透過 Google 發布的應用程式（App）。經由 Google Play 網頁可以尋找、購買、瀏覽、下載及評比使用手機免費或付費的 App 和遊戲，包括提供音樂、雜誌、書籍、電影和電視節目，或是其他數位內容。

🛜 **Google Play** 商店首頁畫面

Google Play 為一開放性平台，任何人都可上傳其所開發的應用程式。Google Play 的搜尋除了比 Apple Store 多了同義字搜尋結果以外，還能夠處理錯字。有鑑於 Android 平台的手機設計各種優點，在可見的未來將像今日的 PC 程式設計一樣普及，採取開放策略的 Android 系統不需要經過審查程序即可上架，因此進入門檻較低。不過由於 Android 陣營的行動裝置採用授權模式，因此在手機與平板裝置的規格及版本上非常多元，因此開發者需要針對不同品牌與機種進行相容性測試。

👍 **TIPS**

Android 早期由 Google 開發，後由 Google 與十數家手機業者所成立的開放手機（Open Handset Alliance）聯盟所共同研發，並以 Java 及 Kolin 作為主要開發語言，結合了 Linux 核心的作業系統，承襲 Linux 系統一貫的特色，Android 是目前在行動通訊領域中最受歡迎的平台之一，擁有的最大優勢就是跟各項 Google 服務的完美整合。

3-3-2 App 與社群結合的贏家策略

由於行動社群行銷成為主流，社群媒體仍是全球熱門入口 App，我們知道社群平台可以說是依靠行動裝置而壯大，Facebook、Instagram、LINE、Twitter、YouTube 等各種社群媒體，早已經離不開大家的生活，社群平台理所當然成為推廣 App 最具影響力的管道之一。由於在社群上，粉絲都有各自的喜好，隨著使用習慣移轉，社群與 App 的連結，正是目前爆紅品牌的共同趨勢。

🛜 **App 結合社群更能創造行銷的效益**

社群是手機上低頭族最常使用的功能，當社群的推廣上能夠切中議題，後續發酵的行銷效果將超乎預期，最好是能夠結合 Line@、Facebook、Instagram 帳戶等等社群行銷計畫，強化品牌認知。例如藉助 Facebook App 的廣告尋找目標受眾，受眾點擊廣告後，就會立刻在手機上下載廣告中的 App，當然也能將 App 的內容與社群結合，通常行動用戶如果透過社群網路分享新的 App，其他好友或粉絲也會較為願意嘗試下載試用。

3-3-3 全通路與 O2O 的完美整合

當行動購物趨勢成熟，搶攻 ON 世代商機就成了零售業的首要目標，網路家庭（PChome）董事長詹宏志曾經在一場演講中發表他的看法：「越來越多消費者使用行動裝置購物，這件事極可能帶來根本性的轉變，甚至讓傳統電子商務產業一切重來」。他更強調：「未來更是虛實相滲透的商務世界」。

> **👍 TIPS**
>
> 所謂「ON 世代」，是每日上網 3 小時（Always On-Line）以上，通常是指使用智慧手機或平板等行動裝置上網的年輕族群，這個族群對於行動科技有重度的依賴。

在今天「社群」與「行動裝置」的迅速發展下，零售業態已進入 4.0 時代，宣告零售業正式蛻變為成全通路（Omni-Channel）的虛實整合型態，全通路與過去通路型態的最大不同是，專注於成為全管道、全天候、全頻道的消費年代，使得消費者無論透過桌機、智慧型手機或平板電腦，都能隨時輕鬆上網購物。

> **👍 TIPS**
>
> 零售 4.0 是一種洞悉消費者心態大與新興科技結合的零售業革命，消費者掌握了主導權，再無時空或地域國界限制，從虛實整合到朝向全通路（Omni-Channel），迎接以消費者為主導的無縫零售時代。

網路購物的項目已從過去單純買衣服、買鞋子，朝向行動裝置等多元銷售、支付和服務通路，品牌要做到全通路整合，才能讓消費者「行動」，透過各種平台加強和客戶的溝通，競相為顧客打造精緻個人化服務，以增進品牌「社群影響」為中心的全通路行銷思維。

根據 Google 的報告，有 84% 的消費者到實體店面時，會用手機搜尋網路社群相關資訊，包括從產品資訊、口碑收集、客服互動乃至付款取貨。透過手機消費的人也愈來愈多，要如何透過行銷策略來整握網路社群龐大的聚合力量，勢必

是目前網路店家與品牌的重要課題。所謂全通路（Omni-Channel）就是利用各種通路為顧客提供交易平台，融合線上與線下通路的服務，以消費者為中心的 24 小時營運模式，對於服務力與數位互動要求越來越高，業者將利用不同的互動方式來達到多元體驗效果，除了消費者所需要的商品與服務，更有順暢的購物流程及更便利化的多元平台，讓消費者無論在何時何地，都可以獲得無差別的服務，零售業者紛紛絞盡腦汁，提供跨通路獨一無二的互動消費體。

EZTABLE 買家於線上付費購買，然後至實體商店取貨

例如 O2O 模式就是整合「線上（Online）」與「線下（Offline）」兩種不同平台所進行的一種虛實整合行銷模式，因為消費者也能「Always Online」，讓線上與線下能快速接軌，透過改善線上消費流程，直接帶動線下消費，特別適合「異業結盟」與「口碑銷售」。因為 O2O 的好處在於訂單於線上產生，每筆交易可追蹤，也更容易溝通及維護與用戶間的關係，如此才能以零距離提升服務價值，包括流暢地連接瀏覽商品到消費流程，打造全通路的 360 度完美體驗。我們以提供消費者 24 小時餐廳訂位服務的訂位網站「EZTABLE 易訂網」為例，易訂網的服務宗旨是希望消費者從訂位開始就是一個很棒的體驗，除了餐廳訂位的主要業務，後來也導入了主動銷售餐券的服務，不僅滿足熟客的需求，成為免費宣傳，也實質帶進訂單，並拓展了全新的營收來源。

👥 3-4 行動支付的熱潮

隨著行動商務的興起，未來將會有更多樣化的無店舖銷售型態通路，根據各項數據都顯示消費者已經使用手機來包辦處理生活中大小事情，甚至包括了行銷、購物與付款，特別是漸漸開始風行的行動支付，也對零售業帶來相當大的改變。所謂行動支付（Mobile Payment），就是指消費者透過行動裝置對所消費的商品或服務進行帳務支付的一種方式，很多人以為行動支付就是用手機付款，其實手機只是一個媒介，平板電腦、智慧手錶，只要可以行動連網都可以拿來作為行動支付。零售門市不僅不用擺刷卡機也能接受信用卡支付，使用行動支付如支付寶，更可吸引陸客至門市消費。就消費者而言，直接用行動裝置刷卡、轉帳，甚至用來付費搭乘交通工具，提供快速收款及付款服務，讓你的手機直接變身為錢包。

👍 TIPS

2004 年淘寶網開創支付寶，寫下第三方支付（Third-Party Payment）的新里程碑，讓 C2C 的交易不再因為付款不方便，買家不發貨等問題受到阻擾，在淘寶網購物，都是需要透過支付寶才可付，也支援臺灣的信用卡刷卡，是很便利的一種付費機制。
第三方支付機制就是在交易過程中，除了買賣雙方外，透過第三方來代收與代付金流，不同的購物網站，各自有不同的第三方支付的機制，例如美國很多網站會採用 PayPal 來當作第三方支付的機制，在中國大陸最著名的淘寶網，採用「支付寶」就是屬於第三方支付的模式。

自從金管會宣布開放金融機構申請辦理手機信用卡業務開始，正式宣告引爆全台「行動支付」的商機熱潮，成功地將各位手上的手機與錢包整合，真正出門不用帶錢包的時代來臨！對於行動支付解決方案，目前主要是以 QR Code、條碼支付與 NFC（近場通訊）三種方式為主。

👍 **TIPS**

PayPal 是全球最大的線上金流系統與跨國線上交易平台，適用於全球 203 個國家，屬於 ebay 旗下的子公司，可以讓全世界的買家與賣家自由選擇購物款項的支付方式。各位如果常在國外購物的話，只要提供 PayPal 帳號即可。如果你有足夠的 PayPal 餘額，購物時所花費的款項將直接從餘額中扣除，或者 PayPal 餘額不足的時候，還可以直接從信用卡扣付購物款項。

📶 **PayPal 是全球最大的線上金流系統**

3-4-1　QR Code 支付

在這 QR Code 被廣泛應用的時代，未來商品也可以透過 QR Code 的結合行動支付應用，QR-Code 行動支付的優點則是免辦新卡，可以突破行動支付對手機廠牌的仰賴，不管 Android 或 iOS 都適用，還可設定多張信用卡，等於把多張信用卡放在手機內，還可以上網購物，民眾只要掃瞄支援廠商商品的 QR Code，就可以直接讓消費者以手機進行付款，讓交易更安心更方便。

👍 **TIPS**

QR Code（Quick Response Code）是由日本 Denso-Wave 公司發明的二維條碼，利用線條與方塊所結合而成的黑白圖紋二維條碼，除了文字之外，還可以儲存圖片、記號等相關訊。QR Code 隨著行動裝置的流行，越來越多企業使用它來推廣商品。因為製作成本低且操作簡單，只要利用手機內建的相機鏡頭「拍」一下，馬上就能得到想要的資訊，或是連結到該網址進行內容下載，讓使用者將資料輸入手持裝置的動作變得簡單。

QR Code 行動支付有別傳統支付應用，不但可應用於實體與網路商店等傳統型態通路，更可以開拓多元化的非傳統型態通路，中華電信推出 QR Code 信用卡行動支付 App「QR 扣」，與玉山銀行、國泰世華、萬泰銀行、中國信託、元大銀行、臺灣銀行、合作金庫及台新銀行等 8 家銀行信用卡合作，只要用手機或平板電腦拍攝商品 QR Code，串接銀行信用卡收單系統完成付款，就可以透過行動上網輕鬆完成購物。

🛜 玉山信用卡首創 QR Code 行動支付一機在手即拍即付

3-4-2　條碼支付

條碼支付近來在世界各地掀起一陣旋風，各位不需要額外申請手機信用卡，同時支援 Android 系統、iOS 系統，也不需額外申請 SIM 卡，免綁定電信業者，只要下載 App 後，以手機號碼或 Email 註冊，接著綁定手邊信用卡或是現金儲值，手機出示付款條碼給店員掃描，即可完成付款。條碼行動支付現在最廣泛被用在便利商店，不僅可接受現金、電子票證、信用卡，還與多家行動支付業者合作，目前有「GOMAJI」、「歐付寶」、「Pi 行動錢包」、「街口支付」、「LINE Pay」及剛上線的「YAHOO 超好付」等 6 款手機支付軟體。

🛜 LINE Pay 行動錢包，可以快速累積點數

例如 LINE Pay 主要以網路店家為主，將近 200 個品牌都可以支付，LINE Pay 支付的通路相當多元化，越來越多商家加入 LINE 購物平台，可讓您透過信用卡或現金儲值，信用卡只需註冊一次，同時支援線上與實體付款，而且 Line pay 累積點數非常快速，且許多通路都可以使用點數折抵。至於 PChome Online（網路家庭）旗下的行動支付軟體「Pi 行動錢包」，與臺灣最大零售商 7-11 與中國信託銀行合作，可以利用「Pi 行動錢包」在全台 7-11 完成行動支付。

3-4-3　NFC 行動支付 -TSM 與 HCE

NFC 最近會成為市場熱門話題，主要是因為其在行動支付中扮演重要的角色，NFC 感應式支付在行動支付的市場可謂後發先至，越來越多的行動裝置配置這個功能，NFC 手機進行消費與支付已經是一個未來全球發展的趨勢，只要您的手機具備 NFC 傳輸功能，就能向電信公司申請 NFC 信用卡專屬的 SIM 卡，再將 NFC 行動信用卡下載於您的數位錢包中，購物時透過手機感應刷卡，輕輕一嗶，結帳快速又安全。

> **TIPS**
>
> NFC（Near Field Communication, 近場通訊）是由 PHILIPS、NOKIA 與 SONY 共同研發的一種短距離非接觸式通訊技術，又稱近距離無線通訊，以 13.56MHz 頻率範圍運作，能夠在 10 公分以內的距離達到非接觸式互通資料的目的，資料交換速率可達 424 kb/s，可在您的手機與其他 NFC 裝置之間傳輸資訊，因此逐漸成為行動支付、行銷接收工具的最佳解決方案。

對於行動支付來說，都會以交易安全為優先考量，目前 NFC 行動支付有兩套較為普遍的解決方案，分別是 TSM（Trusted Service Manager）信任服務管理方案與 Google 主導的 HCE（Host Card Emulation）解決方案。

TSM 平台的運作模式主要是透過與所有行動支付的相關業者連線後，使用 TSM 必須更換特殊的 TSM-SIM 卡才能順利交易，NFC 手機用戶只要花幾秒鐘下載與設定 TSM 系統，經 TSM 系統及銀行驗證身分後，將信用卡資料傳輸至手機

內 NFC 安全元件（secure element）中，便能以手機進行消費。

信任服務管理平台（Trusted Service Manager, TSM）是銀行與商家之間的公正第三方安全管理系統，也是一個專門提供 NFC 應用程式下載的共享平台，主要負責中間的資料交換與整合，商家可直接向 TSM 請款，銀行則付款給 TSM，這個平台提供了各式各樣的 NFC 應用服務。未來的 NFC 手機可以透過空中下載（OTA：over-the-air）技術，將 TSM 平台上的服務下載到手機中。

HCE（主機卡模擬）是 Google 於 2013 年底所推出的行動支付方案，可以透過 App 或是雲端服務來模擬 SIM 卡的安全元件。HCE（Host Card Emulation）的加入已經悄悄點燃了行動支付大戰，僅需 Android 5.0（含）版本以上且內建 NFC 功能的手機，申請完成後卡片資訊（信用卡卡號）將會儲存於雲端支付平台，交易時由手機發出一組虛擬卡號與加密金鑰來驗證，驗證通過後才能完成感應交易，能避免刷卡時卡片資料外洩的風險。

HCE 手機信用卡的優點是不限定電信門號，不用在手機加入任何特定的安全元件，因此無須行動網路業者介入，也不必更換專用 SIM 卡、一機可綁定多張卡片，僅需要有網路連上雲端，降低了一般使用者申辦的困難度。基本上，無論哪一種方案，NFC 行動支付要在臺灣蓬勃發展，關鍵還是支援 NFC 技術的手機在臺灣能越來越普及才好。

📶 臺灣行動支付公司推出 PSP TSM 平台

📶 國內許多銀行推出 NFC 行動付款

👍 **TIPS**

Apple Pay 是 Apple 的一種手機信用卡付款方式，只要使用該公司推出的 iPhone 或 Apple Watch（iOS 9 以上）相容的行動裝置，並將自己卡號輸入 iPhone 中的 Wallet App，經過驗證手續完畢後，就可以使用 Apple Pay 來購物，還比傳統信用卡來得安全。

≡ 本章 Q&A 練習

1. 什麼是「雲端服務」（Cloud Service）？

2. 請簡述 SoLoMo 模式。

3. 請簡述打卡的內容。

4. 什麼是碎片化時代（Fragmentation Era）？

5. 請問行動社群行銷的最大價值為何？

6. 請說明全球定位系統（Global Positioning System, GPS）與「定址服務」（Location Based Service, LBS）。

7. App 是什麼？

8. 什麼是 App Store？

9. 請簡述零售 4.0。

10. 全通路（Omni-Channel）是什麼？

11. 試簡述物聯網（Internet of Things, IOT）。

12. QR-Code 行動支付的優點有哪些？

13. 試簡述信任服務管理平台（Trusted Service Manager, TSM）的功用。

14. 何謂行動支付（Mobile Payment）？

15. 請簡介條碼支付。

16. 請簡介 Apple Pay。

MEMO

社群大數據

人工智慧的精準行銷術

- ▶ 錢潮洶湧的大數據商機
- ▶ 社群大數據行銷的關鍵優點
- ▶ 人工智慧與社群行銷

在社群行銷蓬勃發展與大數據議題越來越火熱的背景下，全球用戶平均每天花費至少 3.5 個小時瀏覽社群網站，社群行銷的手法瞬息萬變，早期作法是藉由衝高 Facebook、Twitter 等社群平台的流量和用戶數，展現漂亮的按讚數與會員數，來增加品牌和店家的曝光率。不過由於消費者在網路及社群上累積的用戶行為及口碑，都能夠被量化，大數據興起加上社群概念，造就出新的社群行銷架構。如果能有效的掌握社群網站背後的大數據，則可以針對不同社群平台擬定策略，當消費者資訊接收行為轉變，行銷就不能一成不變！特別是大數據技術徹徹底底改變了社群行銷的玩法，大數據結合社群的創新模式除了能創造高流量，還可以將顧客行為數據化，非常精準在對的時間、地點、管道接觸目標客戶。

臉書廣告背後包含了最新大數據技術

所謂社群大數據其實就是隱藏在現今眾多社群網站和媒體後面，那些大量而又充滿潛在價值的資料，包括用戶基本資料、點擊率、分享數、按讚數、留言數、動態消息、按讚、打卡、分享、影片人數，甚至是貼文觸及人數等等。例如身為全球最大社群網站的 Facebook，所掌握的數據量更是位居所有社群網站之冠，只要研究使用者對某個事件的按讚次數，就可以成功推敲出當下人們關心什麼話題，並當作末端的精準個人化推薦和廣告推播了，投放用戶感興趣的廣告或行銷訊息。

大數據是人工智慧行銷不可忽視的需求，當大數據結合了社群行銷，將成為最具革命性的行銷大趨勢，顧客變成了現代真正的主人，企業主導市場的時光已經一去不復返了，行銷人員可以藉由大數據分析，將網友意見化為改善產品或設計行銷活動的參考，深化品牌忠誠，甚至挖掘潛在需求。

👥 4-1 錢潮洶湧的大數據商機

近年來由於社群網站和行動裝置風行，加上萬物互聯的時代無時無刻產生大量的數據，使用者瘋狂透過手機、平板電腦、電腦等，在社交網站上大量分享各種資訊，許多熱門網站擁有的資料量都上看數 TB（Tera Bytes，兆位元組），甚至上看 PB（Peta Bytes，千兆位元組）或 EB（Exabytes，百萬兆位元組）的等級。由於大數據是人工智慧行銷不可忽視的需求，當大數據結合了社群行銷，將成為最具革命性的行銷大趨勢，顧客變成了現代真正的主人，企業主導市場的時光已經一去不復返了，行銷人員可以藉由大數據分析，將網友意見化為改善產品或設計行銷活動的參考，深化品牌忠誠，甚至挖掘粉絲的潛在需求。

> **👍 TIPS**
>
> 為了讓各位實際了解大數據資料量到底有多大，我們整理了大數據資料單位如下表，提供給各位作為參考：
>
> 1 Terabyte=1000 Gigabytes=1000^9 Kilobytes
>
> 1 Petabyte=1000 Terabytes=1000^{12} Kilobytes
>
> 1 Exabyte=1000 Petabytes=1000^{15} Kilobytes
>
> 1 Zettabyte=1000 Exabytes=1000^{18} Kilobytes

4-1-1 解構大數據

大數據（big data）時代的到來，正在大規模翻轉現代人的生活方式，特別是用行動裝置的人口數已經開始超越桌機，一支智慧手機的背後就代表著一份獨一無二的客戶數據，面對不斷擴張的巨大資料量，正以驚人速度不斷被創造出來的大數據，為各種產業的營運模式帶來新契機。沒有人能夠告訴各位，超過哪一項標準的資料量才叫大數據，如果資料量不大，可以使用電腦及一般工具軟體慢慢算完，就用不到大數據資料的專業技術，也就是說，只有當資料量巨大且有時效性的要求，較適合應用大數據技術進行相關處理。

👍 **TIPS**

目前較為普遍的大數據相關技術有 Hadoop 與 Sparks 兩種，Hadoop 是源自 Apache 軟體基金會底下的開放原始碼計劃，為了因應雲端運算與大數據發展所開發出來的技術，它以 MapReduce 模型與分散式檔案系統為基礎。例如 Facebook、Google、Twitter、Yahoo 等科技龍頭企業，都選擇 Hadoop 技術來處理自家內部大量資料的分析。最近快速竄紅的 Apache Spark，是由加州大學柏克萊分校的 AMPLab 所開發，是目前大數據領域最受矚目的開放原始碼（BSD 授權條款）計畫，Spark 相當容易上手使用，可以快速建置演算法及大數據資料模型，目前許多企業也轉而採用 Spark 作為更進階的分析工具，也是目前相當看好的新一代大數據串流運算平台。

　　由於數據的來源有非常多途徑，大數據的格式也將會越來越複雜，大數據解決了商業智慧無法處理的非結構化與半結構化資料，最佳化組織決策的過程。

將數據應用延伸至實體場域最早是前世紀在 90 年代初，全球零售業的巨頭沃爾瑪（Walmart）超市就選擇把店內的尿布跟啤酒擺在一起，透過帳單分析，找出尿片與啤酒產品間的關聯性，尿布賣得好的店，櫃位附近啤酒也意外賣得很好，進而調整櫃位擺設及推出啤酒和尿布共同銷售的促銷手段，成功帶動相關營收成長，開啟了數據資料分析的序幕。

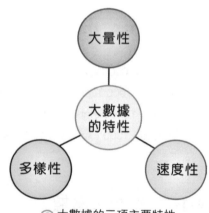

🛜 大數據的三項主要特性

👍 **TIPS**

結構化資料（Structured data）則是目標明確，有一定規則可循，每筆資料都有固定的欄位與格式，偏向一些日常且有重覆性的工作，例如薪資會計作業、員工出勤記錄、進出貨倉管記錄等。非結構化資料（Unstructured Data）是指那些目標不明確，不能數量化或定型化的非固定性工作、讓人無從打理起的資料格式，例如社交網路的互動資料、網際網路上的文件、影音圖片、網路搜尋索引、Cookie 紀錄、醫學記錄等資料。

大數據涵蓋的範圍太廣泛，每個人對大數據的定義又各自不同，在維基百科的定義，大數據是指無法使用一般常用軟體在可容忍時間內進行擷取、管理及處理的大量資料，我們可以這麼簡單解釋：大數據其實是巨大資料庫加上處理方法的一個總稱，是一套有助於企業組織大量蒐集、分析各種數據資料的解決方案，並包含以下三種基本特性：

- **巨量性（Volume）**：現代社會每分每秒都正在生成龐大的數據量，堪稱是以過去的技術無法管理的巨大資料量，資料量的單位可從 TB（terabyte，一兆位元組）到 PB（petabyte，千兆位元組）。

- **速度性（Velocity）**：隨著使用者每秒都在產生大量的數據回饋，更新速度也非常快，資料的時效性也是另一個重要的課題，技術也能做到即時儲存與處理。我們可以這樣形容：大數據產業應用成功的關鍵在於速度，往往取得資料時，必須在最短時間內反映，立即做出反應修正，才能發揮資料的最大價值，否則將會錯失商機。

- **多樣性（Variety）**：大數據資料的來源包羅萬象，例如存於網頁的文字、影像、網站使用者動態與網路行為、客服中心的通話紀錄，資料來源多元及種類繁多。巨量資料課題真正困難的問題在於分析多樣化的資料，彼此間能進行交互分析與尋找關聯性，包括企業的銷售、庫存資料、網站的使用者動態、客服中心的通話紀錄、社交媒體上的文字影像等，企業資料庫難以儲存的「非結構化資料」。

大數據現在不只是資料處理工具，更是一種企業思維和商業模式。大數據揭示的是一種「資料經濟」（Data Economy）的精神。長期以來企業經營往往仰仗人的決策方式，因而導致決策結果不如預期，日本野村高級研究員城田真琴曾經指出，「與其相信一人的判斷，不如相信數千萬人的資料」，她的談話就一語道出了大數據分析所帶來商業決策上的價值，因為採用大數據可以更加精準的掌握事物的本質與訊息。

> **TIPS**
>
> 「資料經濟」（Data Economy）的精神，也就是以資料為核心，將資料附加價值最大化，資料將成為現代企業競爭優勢與商務交易成長的關鍵，透過各種科技工具之規劃與應用，以產生經濟效益為最終目的。

4-1-2　大數據的五星級創意應用

阿里巴巴創辦人馬雲在德國 CeBIT 開幕式上如此宣告：「未來的世界，將不再由石油驅動，而是由數據來驅動！」在國內外許多擁有大量顧客資料的企業，例如 Facebook、Google、Twitter、Yahoo 等科技龍頭企業，都紛紛感受到這股如海嘯般來襲的大數據浪潮。大數據應用相當廣泛，我們的生活中也有許多重要的事需要利用大數據來解決。

就以醫療領域應用為例，能夠在幾分鐘內就可以解碼整個 DNA，並且讓我們製定出最新的治療方案，為了避免醫生的疏失，美國醫療機構與 IBM 推出 IBM Watson 醫生診斷輔助系統，會從大數據分析的角度，幫助醫生列出更多的病徵選項，大幅提升疾病診癒率；甚至能幫助衛星導航系統建構完備即時的交通資料庫。即便是目前喊得震天嘎響的全通路零售，真正核心價值還是建立在 大數據資料驅動決策上。

不僅如此，大數據還能與行銷領域相結合，在全新的社群行銷世界裡，行銷的關鍵並不僅是從粉絲、會員的人數來判斷，也不是從 YouTube 上面有多少則評論來決定，最重要的行銷概念就是要與大數據結合。經過不同社群網站分析提供的數位足跡，我們能夠掌握有關受眾喜好和特性的輿情數據。在大數據的幫助下，消費者輪廓將變得更加全面和立體，包括使用行為、地理位置、商品傾向、消費習慣都能記錄分析，如此不但可以更清楚地描繪出客戶樣貌，更可以協助擬定最源頭的行銷策略，進而更精準的找到潛在消費者。這些大數據中遍地是黃金，更是一場從管理到行銷的全面行動化革命，不少知名企業更是從中嗅到了商機，各種品牌紛紛大舉跨足社群行銷的範疇。

　　例如 Amazon 是電子商務網站的先驅與典範，除了擁有幾百萬種商品之外，成功的因素不只是懂得傾聽客戶需求，近年來更推出智慧無人商店 Amazon Go，只要下載 Amazon Go 專屬 App，當你走進 Amazon Go 時，打開手機 App 感應，在店內不論選擇哪些零食、生鮮或飲料都會感測到，不但推出限定折扣優惠商品，並在優惠開始時推播提醒訊息到消費者手機，然後自動加入購物車中，甚至於等到消費者離開時，手機立即自動結帳，自動從 Amazon 帳號中扣款，讓客戶免去大排長龍之苦，一方面讓客戶省去排隊之苦，最重要是 Amazon 還能收集更多顧客行為大數據。

🛜 Amazon 推出的智慧無人商店 Amazon Go

　　臺灣大車隊是全台規模最大的計程車隊，推出的全新營運模式更跨足遊戲平台，結合遊戲、社群、優惠及叫車功能，透過 GPS 衛星定位與智慧載客平台，全天候掌握車輛狀況，將即時的乘車需求提供給排班司機，讓司機更能掌握乘車需求，有助降低空車率且提高成交率，並且運用社群雲端資料庫的大數據，透過分析當天的天候時空情境和外部事件，精準推薦司機優先去哪個區域載客，最佳化與洞察出乘客最真正迫切的需求，讓乘客叫車更加便捷，也開始與各大社群媒體結合，把帥哥美女司機的概念帶入行銷，塑造品牌形象，提供最適當的產品和服務。

🛜 臺灣大車隊利用大數據提供更貼心的叫車服務

👥 4-2 社群大數據行銷的關鍵優點

隨著行銷社群化趨勢的到來，現代人和社群媒體接觸的時間越來越長，已經成為生活中密不可分的一部分。全球行銷模式正打破窠臼，以全新模式呈現，大數據中浮現的各種社群行為相關性，可以幫我們篩選出較準確的消費者洞察和預測分析方向，找出真正潛在客戶與真正需求，執行精準行銷策略。當網路上任何數據都可以輕易被追蹤的時候，結合大數據進行全方位社群行銷，讓智慧生活真正有感，創造出全新的超倍速行銷方式。以下我們將介紹社群大數據行銷的三大優點。

🛜 社群大數據協助 New Balance 精確掌握顧客行為

4-2-1 更精準個人化行銷

在社群大數據的幫助下，現在可以透過多種跨螢裝置等科技產品，把消費者的消費模式、瀏覽紀錄、個人資料、社群操作行為、商品銷售統計、庫存與購買行為網路使用行為、購物習性、商品好壞等，統統都能一手掌握並且運用在顧客關係管理（CRM）上，進行綜合分析，將可使其從以往管理顧客關係層次，進一步提升到服務顧客的個人化行銷。行銷人員可以更加全面認識消費者，觀眾在社群媒體上的互動與喜好，生活周遭的各種數據，都可以被歸納整理成有意義的資訊。社群網路不斷擴大影響受眾的生活，從傳統亂槍打鳥式的行銷手法進入精準化個人行銷，洞察出消費者最真正迫切的需求，深入了解顧客，以及顧客真正想要的是什麼。

👍 **TIPS**

顧客關係管理（Customer Relationship Management, CRM）是由 Brian Spengler 在 l999 年提出，最早開始發展顧客關係管理的國家是美國。CRM 的定義是指：企業運用完整的資源，以客戶為中心的目標，讓企業具備更完善的客戶交流能力，透過所有管道與顧客互動，並提供適當的服務給顧客。

美國最大的線上影音出租服務的網站 NETFLIX 長期對節目的進行分析，也花了很多心思在操作網路社群，並推出一連串極具創意和社群討論聲量的影片行銷活動。然後透過對觀眾收看習慣的了解，對客戶的社群行為進行大數據分析，篩選製作優良的內容，透過大數據分析的推薦引擎，不需要把影片內容先放出去後才知道觀眾喜好程度。結果證明使用者有 70% 以上的機率會選擇 NETFLIX 曾經推薦的影片，此結果不但可以使 Netflix 節省不少行銷成本，更證明了主動聆聽、觀察用戶需求，並依此改善產品，使其更貼近用戶需求，能夠帶來更佳的消費者體驗。

目前相當熱門的「英雄聯盟」（LOL），是一款免費多人線上遊戲。此遊戲經常運用社群大數據來剖析玩家心理，再藉由社群號召玩家力量，

📶 **NETFLIX** 借助大數據技術成功推薦影給消費者喜歡的影片

並將比賽狀況透過錄影或直播的方式發布在社群網站上。遊戲開發商 Riot Games 也很重視社群大數據分析，目標是希望成為世界上最了解玩家的遊戲公司，背後靠的正是收集以玩家喜好為核心的大數據，掌握全世界各地區所設置的伺服器裡，每天產生遠超過 5000 億筆以上的各種玩家與社群討論資料，透過連線對於全球所有比賽的玩家進行每一筆搜尋、動作、交易，或者敲打鍵盤、點擊滑鼠的每一個步驟，可以即時監測所有玩家的動作與產出大數據資料分析，並了解玩家最喜歡的英雄，再從已建構的大數據資料庫中，將這些資訊整理分析排行。

 英雄聯盟的遊戲畫面場景

遊戲市場的特點就是飢渴的玩家和激烈的割喉競爭，數據的解讀特別是電競戰中非常重要的一環。電競產業內的設計人員正努力擴增大數據的使用與分析範圍，數字不僅是數字，這些「英雄」設定分別都有一些不同的數據屬性，玩家偏好各有不同，你必須了解玩家心中的優先順序，只要發現某一個英雄出現太強或太弱的情況，就能即時調整相關數據的遊戲平衡性，用數據來擊殺玩家的心思，進一步提高玩家參與的程度。

 英雄聯盟的遊戲戰鬥畫面

不同的英雄會搭配各種數據平衡，研發人員希望讓每場遊戲盡可能地接近公平，因此根據玩家所認定英雄的重要程度來排序，創造雙方勢均力敵的競賽環境，然後再集中精力去設計最受歡迎的英雄角色，找到那些沒有滿足玩家需求的英雄種類，是創造新英雄的第一步，這樣做法真正提供了遊戲基本公平又精彩的比賽條件。Riot Games 懂得利用社群大數據來隨時調整遊戲情境與平衡度，確實創造出能滿足大部分玩家需要的英雄們，這也是英雄聯盟能成為目前最受歡迎遊戲的重要因素。

4-2-2 找出最有價值的顧客

資料經濟（Data Economy）時代到來，大數據成為企業在市場上競爭的重要關鍵，社群行銷與大數據結合大概是消費者擁有過最徹底的行銷體驗，過去行銷人員僅能以誰是花錢最多的顧客，來判斷顧客的價值，但長期忠誠度卻不一定是最高的一群人。當透過社群大數據掌握了更多消費者的資訊時，行銷人員除了能參考上述的單一指標外，任何一位顧客的價值，都不僅止於他買過的東西而已，還必須考慮他的忠誠度與未來帶來更多客戶的潛在能力，例如參考平均購買量、顧客終身價值（Customer's Lifetime value, CLV）、顧客取得成本、顧客滿意度、每一個櫃位停留的時間與頻率等指標。

👍 **TIPS**

> 顧客終身價值（Customer's Lifetime value, CLV）是指每一位顧客未來可能為企業帶來的所有利潤預估值，也就是透過購買行為，企業會從一個顧客身上獲得多少營收。

雖然有些社群用戶想和店家展開對話，但不代表你應該馬上視他們為客戶，反而是要進一步找出最有價值的忠誠客戶，並開始把時間和精力投注、鎖定在他們身上。由於忠誠顧客並不是一般消費者，而是因為發自內心喜愛你的產品而支持到底的一群鐵粉，從策略面鎖定這些顧客的「情感動機」，來找出未來最有價值的顧客，實現品牌的最大潛在價值，當你確定某個潛在客戶具有忠誠價值，就該

努力建立起和他能維繫終身的關係，為了讓顧客購買頻率增加，企業必須努力對於忠誠顧客給予不同服務，進行顧客分級化經營，成為社群行銷的操作新趨勢。

社群行銷有時的確就像是一場數字戰爭，全球連鎖咖啡星巴克在美國乃至全世界有數千個接觸點，早已將社群大數據應用到營運的各個環節，星巴克幾乎擁有所有主流社群平台的官方帳號：包括臉書、推特、Instagram、Google＋、YouTube、Pinterest 等，不僅利用社群大數據將行銷內容準確地打到目標客群，從新店選址、換季菜單、產品組合到提供限量特殊品項的依據，還善用產品特性創造話題，最後廣為運用社群媒體的傳播管道，全面與消費者的日常生活結合。

★ 星巴克咖啡利用社群大數據找出最具忠誠度的顧客

星巴克對任何社群平台的耕耘都相當深入，透過社群網站來觀察顧客對產品的滿意度，深知唯有與顧客良好的互動，才是成功的關鍵，例如推出手機 App 蒐集顧客的購買行為大數據，運用長年累積的用戶數據瞭解消費者，甚至於透過會員的消費記錄，星巴克完全清楚顧客的喜好、消費品項、地點等，就能省去輸入一長串的點單過程，此外加上配合貼心驚喜活動來創造附加價值感，從中找到最有價值的潛在客戶，終極目標是希望每兩杯咖啡，就有一杯是來自熟客所購買，這項目標成功的背後，靠的就是收集以會員為核心的社群大數據。

4-2-3 提升消費者購物體驗

面對消費市場的競爭日益激烈，加上品牌種類越來越多，社群媒體結合大數據已經是數位行銷的必要手段，更是企業成功迎向零售 4.0 的關鍵。社群大數據分析已經不只是對數據進行分析，而是要從資訊中找出企業未來行銷的新契機，

這些大量且多樣性的數據，一旦經過分析，運用在客戶關係管理上，針對顧客需要的意見，還能全面提升消費者購物體驗。

社群大數據對汽車產業的未來將是不可或缺的要素，在物聯網的支援下，也順應了精準維修的潮流，例如應用社群大數據資料分析協助預防性維修，以後我們每半年車子就得進廠維修的規定，每台車可以依據車主的使用狀況，事先預測潛在的故障，還另可偵測保固維修時點，提供車主專屬適合的進廠維修時間，大大提升了顧客的使用者經驗。

🛜 汽車業利用大數據來進行預先維修的服務

👍 **TIPS**

物聯網（Internet of Things, IOT）是指將網路與物件相互連接，實際操作上是將各種具裝置感測設備的物品，例如 RFID、環境感測器、全球定位系統（GPS）、雷射掃描器等種種裝置與網際網路結合起來而形成的一個巨大網路系統，全球所有的物品都可以透過網路主動交換訊息，讓現代人的生活正逐漸進入一個始終連接（Always Connect）網路的世代，最終的目標則是要打造一個智慧城市。

行動化時代讓消費者與店家間的互動行為更加頻繁，同時也讓消費者購物過程中愈來愈沒耐性，為了提供更優質的個人化購物體驗，Amazon 對於消費者使用行為的追蹤更是不遺餘力，利用超過 20 億用戶的社群大數據，即時了解社群走向，盡可能地追蹤消費者在社群網站以及 App 上的一切行為，然後藉著分析大數據來向消費者推薦他們真正想要購買的商品，用以確保對顧客做個人化的推薦、價格的最佳化與鎖定目標客群等。

如果各位曾經有在 Amazon 購物的經驗，一進入網站就會看到一些沒來由的推薦名單，因為 Amazon 商城就是根據客戶瀏覽的商品，從已建構的大數據庫中整理出曾經瀏覽該商品的所有人，然後會提供這位新客戶一份建議清單，清單中會列出曾瀏覽這項商品的人也會同時瀏覽過哪些商品？這份清單可以協助客戶更快速作出購買的決定，讓他們與顧客之間的關係更加緊密，而這種大數據技術也確實為 Amazon 商城帶來想像不到的商機與利潤。

🛜 Amazon 應用社群大數據提供更優質的購物體驗

🫂 4-3　人工智慧與社群行銷

在這個大數據時代，資料科學（Data Science）的狂潮不斷地推動著這個世界，加上大數據對人工智慧（Artificial Intelligence, AI）的發展提供了前所未有的機遇，AI 儼然是未來科技發展的主流趨勢，更是零售業最佳化客戶體驗的神器。AI 的應用領域不僅展現在機器人、物聯網、自駕車、智慧服務等，更與行銷產業息息相關。根據美國最新研究機構的報告，2025 年 AI 將會在行銷和銷售自動化方面，取得更人性化的表現，有 50％的消費者希望在日常生活中使用 AI 和語音技術。

👍 **TIPS**

資料科學（Data Science）就是為企業組織解析大數據當中所蘊含的規律，即研究從大量的結構性與非結構性資料中，透過資料科學分析其行為模式與關鍵影響因素，也就是在模擬決策模型，進而發掘隱藏在大數據資料背後的商機。

　　由於物聯網在日常生活應用越來越普遍，人類每天消費活動的大數據正不斷被收集，事實上，社群行銷領域早就是 AI 密集使用的行業，被大量應用在分析大數據、最佳化行銷系統、精準描繪消費者輪廓等領域。隨著行動網路與社群媒體的快速崛起，消費行為也呈現分眾化發展，連帶使得社群行銷變得十分複雜，社群媒體內容篩選的工程量越來越大，要如何快速萃取有價資訊，變得十分重要，AI 的作用就是消除資料孤島，主動吸取並把它轉換為結構化資料，進而提高經營效率，不僅讓消費者趨於更分級化，掌握各種客戶的消費與瀏覽行為，借助 AI 在智慧行銷方面的應用層面越來越廣，也容易取得更為人性化的行銷。AI 能讓行銷人員掌握更多創造性要素，將會為品牌行銷者與消費者，帶來新的對話契機，也就是讓品牌過去的「商品經營」理念，轉向「顧客服務」邏輯，能夠對目標客群的個人偏好與需求，帶來更深入的分析與導購。

4-3-1　人工智慧簡介

　　基本上人人都在使用社群媒體，社群媒體的用戶數量只會有增無減，如果想真正充分發揮資料價值，不能只光談社群大數據，AI 是絕對不能忽略的相關領域。如果你想要行銷一個品牌，絕對不能忽略社群媒體上的客戶，不過這些龐大的社群用戶數據往往使運營人員分身乏術，這時 AI 就能輕鬆派上用場。

　　我們可以很明顯地說，AI、機器學習與深度學習都是大數據的下一步，過去曾經大力擁抱大數據分析的企業，紛紛轉向投入機器學習、深度學習技術。人工智慧的概念最早是由美國科學家 John McCarthy 於 1955 年提出，目標為使電腦具有類似人類學習解決複雜問題與展現思考等能力，舉凡模擬人類的聽、說、讀、寫、看、動作等的電腦技術，都被歸類為人工智慧的可能範圍。簡單地說，人工智慧就是由電腦所模擬或執行，具有類似人類智慧或思考的行為，例如推理、規劃、問題解決及學習等能力。

　　微軟亞洲研究院曾經指出：「未來的電腦必須能夠看、聽、學，並能使用自然語言與人類進行交流。」人工智慧的原理是認定智慧源自於人類理性反應的過程，

而非結果，即是來自於以經驗為基礎的推理步驟，那麼，可以把經驗當作電腦執行推理的規則或事實，並使用電腦可以接受與處理的型式來表達，這樣電腦也可以發展與進行一些近似人類思考模式的推理流程。

人工智慧為現代產業帶來全新的革命
圖片來源：中時電子報

近幾年人工智慧的應用領域愈來愈廣泛，主要原因之一就是圖形處理器（Graphics Processing Unit, GPU）與雲端運算等關鍵技術愈趨成熟與普及，使得平行運算的速度更快、成本更低，我們也因人工智慧而享用許多個人化的服務、生活也變得更加便利。GPU 可說是近年來科學計算領域的最大變革，是指以圖形處理單元（GPU）搭配 CPU 的微處理器，GPU 則含有數千個小型且更高效率的 CPU，不但能有效處理平行處理（Parallel Processing），還可以達到高效能運算（High Performance Computing, HPC）能力，藉以加速科學、分析、遊戲、消費和人工智慧應用。

> 👍 **TIPS**
>
> 平行處理（Parallel Processing）技術是同時使用多個處理器來執行單一程式，借以縮短運算時間。其過程會將資料以各種方式交給每一顆處理器，為了實現在多核心處理器上程式性能的提升，還必須將應用程式分成多個執行緒來執行。
>
> 高效能運算（High Performance Computing, HPC）能力則是透過應用程式平行化機制，在短時間內完成複雜、大量運算工作，專門用來解決耗用大量運算資源的問題。

我們可以預期未來 AI 力量將大幅改寫行銷相關產業，例如目前許多企業和粉專都在使用 Facebook Messenger 聊天機器人（Chatbot），這是一個可以協助粉絲專頁更簡單省力做好線上客服的自動化行銷工具，不但能夠即時在線上回覆客戶的疑問、引導訪客進行問答或購買、蒐集問卷與回饋，而且聊天機器人被使用得越多，它就有更多的學習資料庫，能呈現更好的應答服務。

Chatisfy 官方網站，按此立即免費試用

　　事實上，利用聊天機器人不僅能夠節省人力資源，還能依照消費者的需要來進行客製化服務，更是培育更多客戶的好幫手，極有可能會是改變未來銷售及客服模式的利器。對於有更多客源的中小企業，即可透過 Chatbot，在短時間內大量篩選、過濾掉低價值的用戶，並把更有價值的客戶轉交由業務人員服務。

　　TaxiGo 就是一個全新的行動叫車服務，其產品設計與 Uber 截然不同，運用最新的聊天機器人技術，透過 AI 模擬真人與使用者互動對話，不用下載 App，也不須註冊資料，用戶直接利用聊天機器人就能夠和計程車司機傳訊息，只要打開 Line 或 Facebook Messenger 就可以輕鬆直接預約叫車。TaxiGo 官方這樣形容：「如果 Uber 是行動時代產物，還需要下載 App；TaxiGo 則是 AI 時代產物，直接透過通訊軟體即可叫車。」

📶 TaxiGo 利用聊天機器人提供計程車秒回服務

隨著數位革命不斷發展，由於消費者行為的改變，行銷產業正面臨前所未見的重大變革，行銷自動化的快速進步已逐漸走向 AI 的趨勢，AI 正在迅速滲透到幾乎涵蓋每個行業，以人工智慧取代傳統人力進行各項業務已成趨勢，決定這些 AI 服務能不能獲得更好發揮的關鍵，除了得靠目前最熱門的機器學習（Machine Learning, ML）研究，甚至得借助深度學習（Deep Learning, DL）的類神經演算法，才能更容易透過人工智慧解決行銷策略方面的問題使其有更卓越的表現。

4-3-2　機器學習

　　我們知道 AI 最大的優勢在於「化繁為簡」，能夠輕易將複雜的大數據加以解析，AI 改變產業的能力已經無庸置疑，而且可以應用的範圍相當廣泛。機器學習（Machine Learning, ML）是大數據與 AI 發展相當重要的一環，是大數據分析的一種方法，透過演算法給予電腦大量的「訓練資料（Training Data）」，在大數據中找到規則，其為大數據發展的下一個進程，可以發掘多資料元變動因素之間的關聯性，進而自動學習並且做出預測，意即機器模仿人的行為，特性很適合將大量資料輸入後，讓電腦自行嘗試演算法，找出其中的規律性。

　　社群媒體一手掌握大量用戶的個人資料，只要加上機器學習，馬上就能搖身一變，成為社群行銷的利器。最近筆者在臉書上找過溜冰鞋的資料，然後臉書透過演算法，筆者就一直看到各種溜冰相關用品的廣告。這對用戶來說是似乎是可以接受的，對機器學習的模型而言，當用戶越頻繁使用某些資料，將使得資料量越大，越有助於機器學習，進而達到預測效果不斷提升的效果。

　　機器學習的應用範圍相當廣泛，從健康監控、自動駕駛、自動控制、自然語言、醫療成像診斷工具、電腦視覺、工廠控制系統、機器人到網路行銷領域。隨著社群行銷而來的是各式各樣的大數據資料，這些資料不僅精確，而且相當多元，如此龐雜與多維的資料，最適合利用機器學習解決這類問題，AI 正在幫助品牌行銷者開拓全新疆野，除了聊天機器人之外，機器學習還能幫助社群行銷業者

完成更多行銷自動化的內容，甚至新增 AI 圖像辨識功能，讓行銷人員能更快速預測每則對話的意義。

機器學習能夠透過分析用戶的訊息，解讀出各種潛在需求，各位應該都有在 YouTube 觀看影片的經驗，YouTube 致力於提供使用者個人化的服務體驗，導入了 TensorFlow 機器學習技術，過濾出觀賞者可能感興趣的影片，並顯示在「推薦影片」中，全球 YouTube 超過 7 成用戶會觀看來自自動推薦的影片，當觀看的影片數量越多，不論是喜歡以及不喜歡的影音都是機器學習訓練資料，進一步根據紀錄這些使用者觀看經驗，列出更符合觀看者喜好的影片。

🛜 YouTube 透過 TensorFlow 技術過濾出受眾感興趣的影片

👍 **TIPS**

TensorFlow 是 Google 於 2015 年由 Google Brain 團隊所發展的開放原始碼機器學習函式庫，可以讓許多矩陣運算達到最好的效能，並且支援不少針對行動端訓練和最佳化的模型，無論是 Android 和 iOS 平台的開發者都可以使用，例如 Gmail、Google 相簿、Google 翻譯等都有 TensorFlow 的影子。

🛜 **TensorFlow 官網**

如果從數位行銷的策略面來看，最容易應用機器學習的領域之一就是電腦視覺（Computer Version, CV）。CV 是一種研究如何使機器「看」的系統，讓機器具備與人類相同的視覺，以作為產品差異化與大幅提升系統智慧的手段。例如國外許多大都市的街頭紛紛出現了一種具備 AI 功能的數位電子看板，會追蹤路過行人的舉動來與看板中的數位廣告產生互動效果，透過人臉辨識來偵測眾人臉上的表情，由 AI 來動態修正調整看板廣告所呈現的內容，即時把最能吸引大眾的廣告模式呈現給觀眾，並展現更有說服力的行銷創意效果。

透過機器學習來找出數位看板廣告最佳組合

　　社群行銷業者如果及時引進機器學習（ML），將可更準確預測個別用戶偏好，機器會從數據中自主且重複地學習，分析每個消費者在電腦、平板與手機上的使用行為，也可以從過去的資料或經驗當中，由機器學習的模型搜尋所有商品之後，提供買家最相關的購物選項，作為行銷時參考的基準。

傳統零售未來也勢必將面臨改革與智慧轉型，機器學習必須與零售商會員體系結合，要做到即時智慧決策，代表必須對客戶行為有高程度的理解，這都是為了打造新的購物環境體驗。例如機器學習的應用也可以透過賣場中具備主動推播特性的 Beacon 裝置，商家只要在店內部署多個 Beacon 裝置，即可利用機器學習技術來對消費者進行觀察，賣場不單只是提供產品，更應該領先與消費者互動，一旦顧客進入訊號區域時，就能夠透過手機上 App，對不同顧客進行精準的「個人化習慣」分眾行銷，提供「最適性」服務的體驗。

例如在偵測顧客的網路消費軌跡後，進而分析其商品偏好，並針對過去購買與瀏覽網頁的相關紀錄，即時運算出最適合的商品組合與優惠促銷專案，發送簡訊到其行動裝置，甚至還可對於賣場配置、設計與存貨，提供更精緻與個人化管理，不但能最佳化門市銷售，還可以提供更貼身的低成本行銷服務。

台中大遠百裝置 Beacon，
提供消費者優惠推播

👍 **TIPS**

Beacon 是種低功耗藍牙技術（Bluetooth Low Energy, BLE），藉由室內定位技術應用，可作為物聯網和大數據平台的小型串接裝置，具有主動推播行銷應用特性，比 GPS 擁有更精準的微定位功能，是連結店家與消費者的重要環節，用戶只要手機安裝特定 App，透過藍牙接收到代碼便可觸發 App 做出對應動作，包括在室內導航、行動支付、百貨導覽、人流分析，及物品追蹤等近接感知應用。隨著支援藍牙 4.0 BLE 的手機、平板裝置越來越多，利用 Beacon 的功能，能幫零售業者做到更深入的數位行銷服務。

4-3-3　深度學習

　　隨著科技和行動網路的發達，其中所產生龐大與複雜資訊，已非人力所能分析，由於 AI 改變了數位行銷的遊戲規則，讓店家藉此接觸更多潛在消費者與市場，深度學習（Deep Learning, DL）算是 AI 的一個分支，也可以視為具有更深層次性的機器學習法，進一步運用比機器學習更多層的神經網路來分析數據與找出模式，將 AI 推向類似人類學習模式的優異發展。

　　深度學習並非研究者們憑空創造出來的運算技術，而是源自於類神經網路（Artificial Neural Network）模型，並且結合了神經網路架構與大量的運算資源，目的在於讓機器建立與模擬人腦進行學習的神經網路，可以容忍雜訊高的數據，也能夠整合看似不相關的資料來源，並解釋大數據中圖像、聲音和文字等多元資料中非線性的關係。

　　深度學習改變了數位行銷的遊戲規則，例如可以代替人們進行一些日常的選擇和採買，或在茫茫網路海中，獨立找出分眾消費的數據，深度學習演算法能應對未知的情況，激發消費者的購物潛能，廣告主已能藉此接觸潛在消費者與市場，甚至還能協助病理學家迅速辨識癌細胞，乃至挖掘出可能導致疾病的遺傳因子，未來也將有更多深度學習的應用。

　　所謂類神經網路就是模仿生物神經網路的數學模式，取材於人類大腦結構，使用大量簡單而相連的人工神經元（Neuron），來模擬生物神經細胞受特定程度刺激來反應刺激架構為基礎的研究，這些神經元將以預先被賦予的權重為基礎，各自執行不同任務，只要訓練的歷程愈扎實，被電腦系所預測的最終結果，接近事實真相的機率愈大，例如在汽車業將深度學習技術用於自駕車的導航系統。

　　由於類神經網路具有高速運算、記憶、學習與容錯等能力，可以利用一組範例，透過神經網路模型建立出系統模型，讓類神經網路反覆學習，經過一段時間的經驗值，便可以推估、預測、決策、診斷的相關應用，簡單來說，就是具有自動抽取特徵（Feature Extraction）的能力。最為人津津樂道的深度學習應用，當

屬 Google Deepmind 開發的 AI 圍棋程式 AlphaGo 接連打敗歐洲和南韓圍棋棋王。AlphaGo 的設計是將大量的棋譜資料輸入，還有精巧的深度神經網路設計，透過深度學習掌握更抽象的概念，讓 AlphaGo 學習下圍棋的方法，接著就能判斷棋盤上的各種狀況，後來創下連勝 60 局的佳績，並且不斷反覆跟自己比賽來調整神經網路。

🛜 **AlphaGo 接連打敗歐洲和南韓圍棋棋王**

透過深度學習的訓練，機器變得越來越聰明，不但會學習也會進行獨立思考，人工智慧的運用也更加廣泛。深度學習包括建立和訓練一個大型的人工神經網路，人類要做的事情就是給予規則跟大數據的學習資料，就得用到深度學習的非線性模型來分析。在社群大數據的影響下，消費者大量發表評論於社群網路上，為了得知消費者的意見傾向，深度學習可以解讀消費者及社群行為的歷史資料與動態改變，更可能看穿與預測消費者的潛在慾望與突發情況，進而更加了解消費者，並能應對未知的情況，甚至進一步依據不同顧客的偏好，更精準推薦商品的款式，從看似隨機的行為中挖掘商機，設法激發消費者的購物潛能，進而實現最佳客製化行銷，提供高未來購物可能推薦與更好的用戶體驗。

本章 Q&A 練習

1. 請簡述大數據（又稱海量資料、big data）及其特性。

2. 何謂非結構化資料（Unstructured Data）？

3. 請簡介 Beacon 與其在社群行銷的應用。

4. 哪些是社群大數據行銷的關鍵優點？

5. 什麼是社群大數據？

6. 什麼是電腦視覺？

7. 什麼是「資料經濟」（Data Economy）？顧客終身價值（Customer's Lifetime value, CLV）？

8. 請簡介 Hadoop。

9. 請簡介人工智慧的內容。

10. 何謂高效能運算（High Performance Computing, HPC）？

11. 什麼是類神經網路（Artificial Neural Network）？

12. 請簡述機器學習（Machine Learning, ML）。

13. TensorFlow 是什麼？請簡述之。

14. 請說明深度學習（Deep Learning, DL）。

社群資安、倫理與法律

商機之外,小心!
駭客就在你身邊

- ● 資訊安全與電子支付系統
- ● 社群犯罪與攻擊模式
- ● 社群商務交易安全機制
- ● 社群與資訊倫理
- ● 社群行銷與智慧財產權相關法規與爭議

社群網站是目前現代人社交娛樂的重要管道，每天上臉書幾乎等同於刷牙洗臉一般普遍，也因為受到民眾的高度歡迎，有愈來愈多企業利用社群網站推廣業務，因此社群的資安與法律問題不只影響個人，甚至影響到企業與政府機關，由於網路都是屬於線上交易，當然存在很多風險，使得社群網站成為駭客頭號目標，各類攻擊手法層出不窮，也帶來許多安全上的問題，例如駭客、電腦病毒、網路竊聽、隱私權困擾等。

🛜 社群上的行銷廣告必須小心侵犯著作權

　　時至今日，利用社群網路從事行銷行為日趨增加，相信不少人或多或少都有參與的經驗。不過我們經常可以在媒體報導中發現，不少店家或廣告代理商，因為忽略行銷活動所衍生的法律問題，諸如廣告侵犯智慧財產權或商標權、不實廣告、不公平競爭、濫用 FB 或是 Twitter 社群網站上的照片與圖像、網域名稱、網路犯罪等議題，或者是被政府機關處以高額的罰款、禁止從事特定活動，以及被競爭對手提起訴等，進而造成已投入的行銷資源可能因此付諸流水。如何適當解決社群行銷衍生的法律問題與消費紛爭，因應現階段防不勝防的社群資安威脅態

勢，盡力做好社群媒體安全防護，不但可以減少可能遇到的威脅而不會影響它所帶來的商機，這些也成為目前各界在進行行銷活動時的當務之急，本章中我們將分別來探討這些相關的資安與法律課題。

5-1 資訊安全與電子支付系統

網路已成為我們日常生活不可或缺的一部分，每天上網的機率也越趨頻繁，資訊可透過網路來互通共享，哪些部分資訊可公開，哪些資訊屬機密，對於資訊安全而言，很難有一個十分嚴謹而明確的定義或標準。例如就個人使用者來說，只是代表在網際網路上瀏覽時，個人資料不被竊取或破壞，不過對於企業組織而言，核心電腦營運系統的資安防護固然重要，但也不能忽略社群通訊工具（如Line、Facebook、Instagram）所帶來的資安風險，包括進行線上交易時的安全考量與不法駭客的入侵等。

支付系統是經濟體系中金融交易市場的基礎，而有效率暨安全的電子支付系統是現代電子商務環境中不可或缺的條件，今日透過網際網路（Internet）無遠弗屆的特性，支付系統結合電子科技的幫助，更是造就了前所未有的高度資訊金融化社會。伴隨著社群商務在近年也有著顯著的成長，配合網路購物的電子支付系統需求也日漸增加，這項服務對消費者與店家雙方均有相當助益，也是在面對資訊安全問題時最重要的一環。

5-1-1 電子支付系統簡介

所謂電子付款，就是利用數位訊號的傳遞來代替一般貨幣的流通，達到實際支付款項的目的，也就是以線上方式進行買賣雙方的資金轉移。電子支付系統針對不同目標市場，當然有不同設計，儘管目前電子支付系統種類繁多，但本質上其架構均屬一致，電子支付系統要需有硬軟體設備的支援，架構如下圖所示：

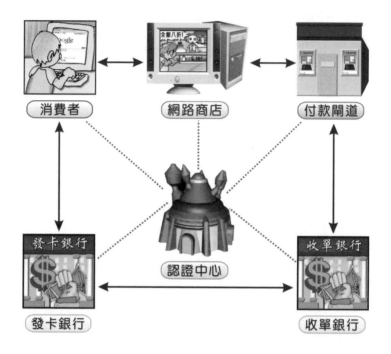

- **消費者（Buyer）**：指在線上交易中，購買商品或服務的一方，也就是付款者（Payer）。

- **賣方（Seller）**：係指在線上交易中，販賣商品或提供貨物、勞務的單位，也就是收款者（Payee）。

- **發卡銀行（Issuer）**：發行貨幣價值機構，就是消費者用來付款的線上發卡銀行。

- **收單銀行（Acquirer）**：提供商店收款與請款金融服務的銀行，它負責代理商店進行應收帳款的清算、管理商店帳戶等。

- **憑證管理中心（Certificate Authority, CA）**：扮演著一個可被信賴的公正第三者，是由信用卡發卡單位所共同委派的公正代理組織，負責提供持卡人、特約商店以及參與銀行交易所需數位憑證（Digital Certificates）的產生、簽發、認證、廢止的過程，並與銀行連線，會同發卡及收單銀行核對申請資料是否一致。

- **付款閘道（Payment Gateway）**：付款閘道是對外提供服務的介面，是信用卡金融機構和網際網路之間的中介機制，可以傳送與接收交易訊息，並負責交易訊息中之付款人帳戶與款項的電子化查詢或比對。支付閘道可以看成是網路上的收銀機，不但能確保消費者使用本人的信用卡付款以外，也讓消費者進行的購買支付過程是被網路店家所信任，例如 PayPal、Google、歐付寶都是相當知名的支付閘道。

5-1-2　電子支付系統的特性

在全球化之下的數位時代，透過現代電子支付系統的運作，幾乎所有的經濟金融交易皆可透過網路直接進行，由於支付系統是電商市場經濟體制的重要管道，藉著電子支付系統的建立，銀行可以將提供的各種金融服務由客戶自行處理，如透過網路提供網路銀行轉帳、匯款、支付帳款方面的服務。為確保電子支付機構之交易資訊安全及業務健全運作，現代電子支付系統必須具備以下四種特性：

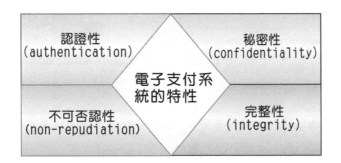

- **秘密性（confidentiality）**：表示交易相關資料必須保密，當資料傳遞時，確保資料在網路上傳送不會遭截取、窺竊而洩漏資料內容，除了被授權的人，在網路上不怕被攔截或偷窺，而損害其秘密性。

- **完整性（integrity）**：表示當資料送達時必須保證資料沒有被竄改的疑慮，訊息如遭竄改時，該筆訊息就會無效，例如由甲端傳至乙端的資料有沒有被竄改，乙端在收訊時，立刻知道資料是否完整無誤。

- **認證性（authentication）**：表示當傳送方送出資訊時，就必須能確認傳送者的身分是否為冒名，例如傳送方無法冒名傳送資料，持卡人、商家、發卡行、收單行和支付閘道，都必須申請數位憑證進行身分識別。

- **不可否認性（non-repudiation）**：表示保證使用者無法否認他所完成過之資料傳送行為的一種機制，必須不易被複製及修改，就是指無法否認其傳送或接收訊息行為，例如收到金錢不能推說沒收到；同樣錢用掉不能推說遺失，不能否認其未使用過。

5-1-3　認識資訊安全

簡單來說，資訊安全（Information Security）的基本功能就是在完成資料被保護的三種特性（CIA）：機密性（Confidentiality）、完整性（Integrity）、可用性（Availability），進而達到如不可否認性（Non-repudiation）、身分認證（Authentication）與存取權限控制（Authority）等安全性目的。

🛜 資料被保護的三種特性（CIA）

國際標準制定機構英國標準協會（BSI）曾經於 1995 年提出 BS 7799 資訊安全管理系統，最新的一次修訂已於 2005 年完成，並經國際標準化組織（ISO）正式通過成為 ISO 27001 資訊安全管理系統要求標準，為目前國際公認最完整之資訊安全管理標準，可以幫助企業與機構在高度網路化的開放服務環境鑑別、管理和減少資訊所面臨的各種風險。至於資訊安全所討論的項目，也可以分別從四個角度來討論，說明如下：

- **實體安全**：硬體建築物與週遭環境的安全與管制，例如對網路線路或電源線路的適當維護，包括預防電擊、淹水、火災等天然災害。

- **資料安全**：確保資料的完整性與私密性，並預防非法入侵者的破壞與人為操作不當與疏忽，例如不定期做硬碟中的資料備份動作與存取控制。

- **程式安全**：維護軟體開發的效能、品管、除錯與合法性。例如提升程式寫作品質。

- **系統安全**：維護電腦與網路的正常運作，避免突然的硬體故障或儲存媒體損壞，導致資料流失，平日必須對使用者加以宣導及教育訓練。

🛜 資訊安全涵蓋的四大項目

無論是公營機關或私人企業，均有可能面臨資訊安全的衝擊，這些都含括在網路安全的領域中。從廣義的角度來看，網路安全所涉及的範圍包含軟體與硬體兩種層面，例如網路線的損壞、資料加密技術的問題、伺服器病毒感染與傳送資料的完整性等。如果從更實務面的角度來看，那麼網路安全所涵蓋的範圍，就包括了駭客問題、隱私權侵犯、網路交易安全、網路詐欺與電腦病毒等問題。

👥 5-2 社群犯罪與攻擊模式

隨著社群網站用戶數迅速成長，預計到 2020 年時，全球用戶人數將會達到 35 億以上，特別是社群媒體存在資安和隱私侵犯的高度風險。通常人為的因素是社群媒體安全最被忽略的一塊，在資安威脅風險居高不下，任何風險最大的挑戰在於員工的使用行為，加上愈來愈多行動用戶隨時隨地使用社群媒體，網路騷擾、攻擊與霸凌問題等社群犯罪的問題也日益嚴重。

當現代人愈來愈離不開網路與社群時，累積在上面的有價資訊也就日益豐富，「社群犯罪」就是網路犯罪之延伸，為社群平台與通訊網路相結合的犯罪，通常分為非技術性犯罪與技術性犯罪兩種。技術性攻擊是利用軟硬體的專業知識來進行攻擊，非技術性攻擊則是指使用詭騙或假的表單來騙取使用者的機密資料。

在可預見的未來，社群網站將持續出現各種創新攻擊方式，攻擊頻率也會愈來愈高，如果從更實務面的角度來看，那麼社群犯罪攻擊的相關議題包括以下幾種。

> **TIPS**
>
> 零時差攻擊（Zero-day Attack）就是當網站或 App 上被發現具有還未公開的漏洞，但是在使用者準備更新或修正前的時間點所進行的惡意攻擊行為，往往造成非常大的危害。

5-2-1　駭客攻擊

駭客藉由社群網路隨時可能入侵電腦與社群平台

只要是經常上網的人，一定常聽到某某網站遭駭客入侵或攻擊，也因此駭客便成了所有人害怕又討厭的對象，不僅攻擊大型的社群網站和企業，還會使用各種方法破壞和用戶的連網裝置。駭客在開始攻擊之前，必須先能夠存取用戶的電腦，其中一個最常見的方法就是使用名為「特洛伊式木馬」的程式。

駭客在使用木馬程式之前，必須先將其植入用戶的電腦，此種病毒模式多半是 E-mail 的附件檔，或者利用一些新聞與時事消息發表吸引人的貼文，使用者一旦點擊連結按讚，可能立即遭受感染，或者利用聊天訊息散播惡意軟體，趁機竊取用戶電腦內的個人資訊，甚至駭客會利用社交工程陷阱（Social Engineering）來假造的臉書按讚功能，導致帳號被植入木馬程式，讓駭客盜取臉書帳號來假冒員工，然後連進企業或店家的資料庫中竊取有價值的商業機密。

TIPS

社交工程陷阱（social engineering）是利用大眾的疏於防範的資訊安全攻擊方式，例如利用電子郵件誘騙使用者開啟檔案、圖片、工具軟體等，從合法用戶中盜取用戶系統的秘密，例如用戶名單、用戶密碼、身分證號碼或其他機密資料等。

5-2-2　網路釣魚

Phishing 一詞其實是「Fishing」和「Phone」的組合，中文稱為「網路釣魚」，其目的就在於竊取消費者或公司的認證資料，而網路釣魚透過不同的技術持續竊取使用者資料，已成為網路交易上重大的威脅。網路釣魚主要是取得受害者帳號的存取權限，或是記錄個人資料，輕者導致個人資料外洩，侵範資訊隱私權，重則危及財務損失，最常見的伎倆有兩種：

- 利用偽造電子郵件與網站作為「誘餌」，輕則讓受害者不自覺洩漏私人資料，成為垃圾郵件業者的名單，重則電腦可能會被植入病毒（如木馬程式），造成系統毀損或重要資訊被竊，例如駭客以社群網站的名義寄發帳號更新通知信，誘使收件人點擊 E-mail 中的惡意連結或釣魚網站。

- 修改網頁程式，更改瀏覽器網址列所顯示的網址，當使用者認定正在存取真實網站時，即使你在瀏覽器網址列輸入正確的網址，還是會輕易移花接木般轉接到偽造網站上，或者利用一些熱門粉專內的廣告來感染使用者，向您索取個人資訊，意圖侵入您的社群帳號，因此很難被使用者所查覺。

社群網站日益盛行，網路釣客也會趁機入侵，消費者對於任何要求輸入個人資料的網站要加倍小心，跟電子郵件相比，人們在使用社群媒體時比較不會保持警覺，例如有些社群提供的性向測驗可能就是網路釣魚（Phishing）的掩護，甚至假裝臉書官方網站，要你輸入帳號密碼及個人資訊。

TIPS

跨網站腳本攻擊（Cross-Site Scripting, XSS）是當網站讀取時，執行攻擊者提供的程式碼，例如製造一個惡意的 URL 連結（該網站本身具有 XSS 弱點），當使用者端的瀏覽器執行時，可用來竊取用戶的 cookie，或者後門開啟、密碼與個人資料之竊取，甚至冒用使用者的身分。

5-2-3　盜用密碼

有些較粗心的網友往往會將帳號或密碼設定成類似的代號，或者以生日、身分證字號、有意義的英文單字等容易記憶的字串，來作為登入社群系統的驗證密碼，因此盜用密碼也是網路社群入侵者常用的手段之一。入侵者就抓住了這個人性心理上的弱點，透過一些密碼破解工具，即可成功地將密碼破解，入侵使用者帳號最常用的方式是使用「暴力式密碼猜測工具」並搭配字典檔，在不斷地重複嘗試與組合下，一次可以猜測上百萬次甚至上億次的密碼組合，很快就能夠找出

正確的帳號與密碼，當駭客取得社群網站使用者的帳號密碼後，就等於取得此帳號的內容控制權，可將假造的電子郵件，大量發送至該帳號的社群朋友信箱中。

例如臉書在 2016 年時修補了一個重大的安全漏洞，因為駭客利用該程式漏洞竊取「存取權杖」（access tokens），然後透過暴力破解臉書用戶的密碼，因此在設定密碼時，就需要更高的強度才能抵抗，除了用戶的帳號安全可使用雙重認證機制，確保認證的安全性，建議依照下列幾項基本原則來建立密碼：

1. 密碼長度儘量大於 8~12 位數。
2. 最好以英文 + 數字 + 符號混合，以增加破解時的難度。
3. 為了要確保密碼不容易被破解，最好還能在每個不同的社群網站使用不同的密碼，並且定期進行更換。
4. 密碼不要與帳號相同，並養成定期更改密碼的習慣，如果發覺帳號有異常登出的狀況，可立即更新密碼，確保帳號不被駭客盜取。
5. 儘量避免使用有意義的英文單字作為密碼。

👍 TIPS

點擊欺騙（click fraud）是發布者或他的同伴對 PPC（pay by per click, 每次點擊付錢）的線上廣告進行惡意點擊，因而得到相關廣告費用。

5-2-4 服務拒絕攻擊與殭屍網路

服務拒絕（Denial of Service, DoS）攻擊方式是利用送出許多需求去轟炸一個網路系統，讓系統癱瘓或不能回應服務需求。DoS 阻斷攻擊是單憑一方的力量對 ISP 的攻擊之一，如果被攻擊者的網路頻寬小於攻擊者，DoS 攻擊往往可在兩三分鐘內見效。但若攻擊的是頻寬比攻擊者還大的網站，那就有如以每秒 10 公升的水量注入水池，但水池裡的水卻以每秒 30 公升的速度流失，不管再怎麼攻擊都

無法成功。例如駭客使用大量的垃圾封包塞滿 ISP 的可用頻寬，進而讓 ISP 的客戶將無法傳送或接收資料、電子郵件、瀏覽網頁和其他網際網路服務。

　　至於殭屍網路（botnet）的攻擊方式就是利用一群在網路上受到控制的電腦轉送垃圾郵件，被感染的個人電腦就會被當成執行 DoS 攻擊的工具，不但會攻擊其他電腦，一遇到有漏洞的電腦主機，就藏身於任何一個程式裡，伺時展開攻擊、侵害，而使用者卻渾然不知。後來又發展出 DDoS（Distributed DoS）分散式阻斷攻擊，受感染的電腦就會像魁儡殭屍一般任人擺佈執行各種惡意行為。這種攻擊方式是由許多不同來源的攻擊端，共同協調合作於同一時間對特定目標展開的攻擊方式，與傳統的 DoS 阻斷攻擊相較之下，效果更為驚人。過去就曾發生殭屍網路的管理者可以透過 Twitter 帳號下命令來加以控制病毒，用以感染廣大用戶的帳號。

5-2-5　電腦病毒

　　隨著社群網站大量普及與興起，目前最受歡迎的 Facebook、Instagram、Twitter、噗浪（Plurk）等網站，自然成為電腦病毒頭號攻擊目標，隨著使用人數愈來愈多，社群網站已逐漸成為病毒攻擊與散播的新目標，通常有心人士可將病毒隱藏在訊息中，再利用各種聳動標題吸引社群用戶點閱，進而引起破壞行為。

　　所謂電腦病毒是一種入侵電腦的惡意程式，會造成許多不同種類的損壞，當某程式被電腦病毒傳染後，它也成一個帶原的程式了，其會直接或間接地傳染至其他程式。例如刪除資料檔案、移除程式或摧毀在硬碟中發現的任何東西，不過並非所有的病毒都會造成損壞，有些只是顯示某些特定的討厭訊息。這個程式具有特定的邏輯，且具有自我複製、潛伏、破壞電腦系統等特性，這些行為與生物界中的病毒之行為模式極為類似，因此稱這類的程式碼為電腦病毒。

🛜 病毒會在某個時間點發作與從事破壞行為

　　檢查病毒需要防毒軟體，這些軟體可以掃描磁碟和程式，尋找已知的病毒並清除它們。防毒軟體安裝在系統上並啟動後，有效的防毒程式在你每次插入任何種類裝置或使用你的數據機擷取檔案時，都會自動檢查以尋找受感染的檔案。此外，新型病毒幾乎每天隨時發布，所以並沒有任何防毒軟體能提供絕對的保護，因此病毒碼必須定期加以更新。防毒軟體可以透過網路連接上伺服器，並自行判斷有無更新版本的病毒碼，如果有的話就會自行下載安裝，以完成病毒碼的更新動作。

👍 TIPS

防毒軟體有時也必須進行「掃描引擎」（Scan Engine）的更新，在一個新種類病毒產生時，防毒軟體並不知道如何去檢測它，例如巨集病毒在剛出來的時候，防毒軟體對於巨集病毒根本沒有定義，在這種情況下，就必須更新防毒軟體的掃描引擎，讓防毒軟體能認得新種類的病毒。

🛜 病毒碼就有如電腦病毒指紋

🛜 更新掃描引擎才能讓防毒軟體認識新病毒

👥 5-3 社群商務交易安全機制

由於社群商務也是屬於電子商務的一種，目前電子商務的發展受到最大的考驗，就是線上交易安全性。由於線上交易時，必須於網站上輸入個人機密的資料，例如身分證字號、信用卡卡號等資料，為了讓消費者線上交易能得到一定程度的保障，到目前為止，最被商家及消費者所接受的電子安全交易機制是 SSL/TLS 及 SET 兩種。

5-3-1　SSL/TLS 協定

安全通訊協定（Secure Socket Layer, SSL）是一種 128 位元傳輸加密的安全機制，由網景公司於 1994 年提出，目的在於協助使用者在傳輸過程中保護資料安全。是目前網路上十分流行的資料安全傳輸加密協定。

SSL 憑證包含一組公開及私密金鑰，以及已經通過驗證的識別資訊，並且使用 RSA 演算法及證書管理架構，它在用戶端與伺服器之間進行加密與解密的程序，由於採用公開金鑰技術識別對方身分，受驗證方須持有認證機構（CA）的證書，其中內含其持有者的公開金鑰。目前最新的版本為 SSL3.0，並使用 128 位元加密技術。當連結到具有 SSL 安全機制的網頁時，在瀏覽器下網址列右側會出現一個類似鎖頭的圖示，表示目前瀏覽器網頁與伺服器間的通訊資料均採用 SSL 安全機制：

類似鎖頭的圖示

　　例如右圖是網際威信 HiTRUST 與 VeriSign 所簽發之「全球安全網站認證標章」，讓消費者可以相信該網站確實是合法成立之公司，並說明網站可啟動 SSL 加密機制，以保護雙方資料傳輸的安全。

　　至於最近推出的傳輸層安全協定（Transport Layer Security, TLS）是以 SSL 3.0 版本為基礎改良而來，其利用公開金鑰基礎結構與非對稱加密等技術來保護在網際網路上傳輸的資料，使用該協定將資料加密後再行傳送，以保障雙方交換資料之保密及完整，在通訊的過程中確保對像的身分，提供比 SSL 協定更好的通訊安全性與可靠性，避免未經授權的第三方竊聽或修改，可以視為 SSL 安全機制的進階版。

👍 **TIPS**

憑證管理中心（Certificate Authority, CA）：為一個具公信力的第三者身分，是由信用卡發卡單位所共同委派的公正代理組織，負責提供持卡人、特約商店以及參與銀行交易所需的電子證書（Certificate）、憑證簽發、廢止等等管理服務。國內知名的憑證管理中心如下：

政府憑證管理中心：http://www.pki.gov.tw

網際威信：http://www.hitrust.com.tw/

5-3-2　SET 協定

　　由於 SSL 並不是一個最安全的電子交易機制，為了達到更安全的標準，於是由信用卡國際大廠 VISA 及 MasterCard，於 1996 年共同制定並發表的「安全交易協定」（Secure Electronic Transaction, SET），並陸續獲得 IBM、Microsoft、HP 及 Compaq 等軟硬體大廠的支持，加上 SET 安全機制使用非對稱鍵值加密系統的編碼方式，並採用知名的 RSA 及 DES 演算法技術，讓傳輸於網路上的資料更具有安全性，將可以滿足身分確認、隱私權保密資料完整和交易不可否認性的安全交易需求。

SET 機制的運作方式為：消費者網路商家並無法直接在網際網路上進行單獨交易，雙方都必須在進行交易前，預先向「憑證管理中心」（CA）取得各自的 SET 數位認證資料，進行電子交易時，持卡人和特約商店所使用的 SET 軟體會在電子資料交換前確認雙方的身分。

👍 TIPS

「信用卡 3D」驗證機制是由 VISA、MasterCard 及 JCB 國際組織所推出，作法是信用卡使用者必須在信用卡發卡銀行註冊一組 3D 驗證碼，完成註冊之後，當信用卡使用者在提供 3D 驗證服務的網路商店使用信用卡付費時，必須在交易的過程中輸入這組 3D 驗證碼，確保只有本人才可以使用自己的信用卡成功交易，完成線上刷卡付款動作。

👥 5-4 社群與資訊倫理

　　隨著近年來不斷推陳出新的科技新模式，電腦的使用已不再只是單純的考慮到個人封閉的主機，許多前所未有的網路操作與平台模式，徹底顛覆了傳統電腦與使用者間人機互動關係。加上網路社群與行動通訊技術的普及，在數位技術虛擬空間中，基於職業、興趣以及相應的某些嗜好，與社群的其他成員進行實質上的交流，一方面為生活帶來空前便利與改善，但另一方面也衍生了許多過去未曾發生的複雜問題，因而造就出「社群網路」的新文化。網際網路架構協會（Internet Architecture Board, IAB）主要的工作是國際上負責網際網路間的行政和技術事務監督與網路標準和長期發展，其就曾經將以下網路行為視為不道德：

1. 在未經任何授權情況下，故意竊用網路資源。
2. 干擾正常的網際網路使用。
3. 以不嚴謹的態度在網路上進行實驗。
4. 侵犯別人的隱私權。
5. 故意浪費網路上的人力、運算與頻寬等資源。
6. 破壞電腦與網路資訊的完整性。

在今天傳統社會倫理道德規範日漸薄弱下，由於網路的特性具有公開分享、快速、匿名等因素，在網路社群社會中產生越來越多倫理價值改變與偏差行為。除了資訊素養的訓練外，如何在一定的行為準則與價值要求下，從事社群相關活動時該遵守的規範，就有待資訊倫理體系的建立。

倫理是什麼？倫理強調的是人際關係中的規範，簡單來說，「資訊倫理」就是探究人類使用資訊行為對與錯之問題，適用對象包含了廣大的資訊從業人員與使用者，範圍則涵蓋了使用資訊與網路科技的價值觀與行為準則。例如社群網站把人們從現實生活帶入虛擬世界，已經成為現代人生活的一部分，隨時隨地均可透過網路留言或發表言論，如果發現留言不當而予以刪除時，在法律上仍然構成公然侮辱罪。甚至德國最近還通過規範社群平台的一項新法令，任何張貼有關種族歧視、違法、極端仇恨等言論的發文或評論，社群平台都得在 24 小時之內刪除，否族即將處以五百萬歐元罰款。

接下來我們將引用 Richard O. Mason 在 1986 年時提出以資訊隱私權（Privacy）、資訊正確性（Accuracy）、資訊所有權（Property）、資訊存取權（Access）等四類議題，稱為 PAPA 理論，探討虛擬網路社群在面對資訊倫理議題時，如何以完整的行為模式來討論資訊倫理的標準所在，讓人們在社群平台的一切言論，都獲得規範。

5-4-1 資訊隱私權

在今日高速資訊化環境中，不論是電腦或網路社群中所流通的資訊，都已經是一種數位化資料，透過電腦硬碟或網路雲端資料庫的儲存，因此取得與散布機會相對容易，間接也造成隱私權容易被侵害的潛在威脅，越來越受到消費者對隱私權日益重視。

隱私權在法律上的見解，就是一種「獨處而不受他人干擾的權利」，屬於人格權的一種，是為了主張個人自主性及其身分認同，並達到維護人格尊嚴為目的。在國外隱私權政策最早可以追溯到 1988 年 10 月，歐盟當時通過監督隱私權保護

指導原則（OECD 原則），而到了 1997 年 7 月美國政府也公布「全球電子商務架構」的政策等，都是針對現代網路社會隱私權的討論。

「資訊隱私權」則是討論有關個人資訊的保密或予以公開的權利，並應該擴張到由我們自己控制個人資訊的使用與流通，核心概念就是在於個人掌握資料之產出、利用與查核權利。包括什麼資訊可以透露？什麼資訊可以由個人保有？也就是個人有權決定對其資料是否開始或停止被他人收集、處理及利用的請求，並進而擴及到什麼樣的資訊使用行為，可能侵害別人的隱私和自由的法律責任。

首先各位要清楚任何訊息發布到社群上都是公開的，特別是智慧手機，這也使得隨時隨地在社群媒體上與其他人保持聯繫成為可能，因此要盡可能避免在社群網站發表自己或他人的私密訊息，或在聊天室分享敏感的業務資訊，有些人喜歡未經當事人的同意，而將寄來的 e-mail 轉寄給其他人，這就可能侵犯到別人的資訊隱私權。如果是未經網頁主人同意，就將該網頁中的文章或圖片在社群中轉貼出去，就有侵犯重製權的可能。

之前臉書為了幫助用戶擴展網路上的人際關係，設計了尋找朋友（Find Friends）功能，並且直接邀請將這些用戶通訊錄名單上的朋友加入 Facebook。後來德國柏林法院判決臉書敗訴，這個功能因為並未得到當事人同意而收集個人資料作為商業利用，後來臉書這個功能也改為必須經過用戶確認後才能寄出邀請郵件。最近臉書又發生了與劍橋分析公司的醜聞，藉由心理測驗程式透過臉書取得用戶（和他們朋友）的資訊，且未經過同意擅自把這些資料作為其他目的使用，因而導致臉書對於用戶的個資、隱私權的保障出現重大瑕疵，導致臉書的創辦人祖柏克親自出面道歉。Google 也十分注重使用者的隱私權與安全，當 Google 地圖小組在收集街景服務影像時會進行模糊化處理，讓使用者無法認出影像中行人的臉部和車牌，以保障個人的資訊隱私權，避免透露入鏡者的身分與資料。

目前數位行銷中最常用來追蹤瀏覽者行為以作為未來關係行銷的依據，就是使用 Cookie 這樣的小型文字檔。Cookies 在網際網路上所扮演的角色，基本上就

是一種針對不同網路使用者而予以「個人化」功能的過濾機制，作用就是透過瀏覽器在使用者電腦上記錄使用者瀏覽網頁的行為，網站經營者可以利用 Cookies 來瞭解到使用者的造訪記錄，例如造訪次數、瀏覽過的網頁、購買過哪些商品等，進而根據 Cookies 及相關資訊科技所發展出來的客戶資料庫，企業可以直接鎖定特定消費者的消費取向，作為未來產品銷售的依據。

👍 **TIPS**

Cookie 是網頁伺服器放置在電腦硬碟中的一小段資料，例如用戶最近一次造訪網站的時間、用戶最喜愛的網站記錄以及自訂資訊等。當用戶造訪網站時，瀏覽器會檢查正在瀏覽的 URL 並查看用戶的 cookie 檔，如果瀏覽器發現和此 URL 相關的 cookie，會將此 cookie 資訊傳送給伺服器。這些資訊可用於追蹤人們上網的情形，並協助統計人們最喜歡造訪何種類型的網站。

　　不過從另一個角度來看，在未經網路使用者或消費者同意的情況下，收集、處理、流通甚至公開其個人資料，更加凸顯出個人隱私保護與商業利益間的緊張關係與平衡問題。例如以臺灣的「個人資料保護法」為例，蒐集、處理及利用個人資料都必須符合比例原則、合理關聯性原則。

📶 上網過程中 Cookie 文字檔，透過瀏覽器記錄使用者的個人資料

圖片來源：http://shopping.pchome.com.tw/

隨著全球無線通訊的蓬勃發展及智慧型手機普及率的提升，結合無線通訊與網際網路的行動網路（mobile Internet）服務成為最被看好的明星產業，其中相當熱門的定位服務（Location Based System, LBS），是電信業者利用 GPS、藍牙 Wi-Fi 熱點和行動通訊基地台來判斷用戶裝置位置的功能，並將用戶當時所在地點及附近地區的資訊，下載至用戶的手機螢幕上，當電信業者取得用戶所在地的資訊，就會帶來各種行動行銷的商機。

　　這時有關定位資訊的控管與利用當然也會涉及隱私權的爭議，因為用戶個人手機會不斷地與附近基地台進行訊號聯絡，才能在移動過程中接收來電或簡訊，因此相關個人位址資訊無可避免的會暴露在電信業者手中。濫用定位科技所引發的隱私權侵害並非空穴來風，例如手機業者如果主動發送廣告資訊，會涉及用戶是否願意接收手機上傳遞的廣告與是否願意暴露自身位置，或者個人定位資訊若洩露給第三人作為商業利用，也造成隱私權侵害將會被擴大。

5-4-2　資訊精確性

　　資訊精確性的精神就在討論資訊使用者擁有正確資訊的權利，或資訊提供者必須提供正確資訊的責任，也就是除了確保資訊的正確性、真實性及可靠性外，還要規範提供者如果提供錯誤的資訊，所必須負擔的責任。網路社群成為大眾最仰賴的資訊媒介，在社群平台上，網友大量公開討論來自四面八方的資訊，但是討論的內容其真實性，真的可以百分之百相信嗎？特別是假消息的散播會影響到個人和企業，錯誤資訊會造成扭曲的觀點和想法，例如有人謊稱某處遭受核彈攻擊，甚至將可能造成股市大跌，更有人提供錯誤的美容小偏方，而且社群媒體無孔不入的連結性，讓假消息的傳播速度可能比真實新聞還要更加快速，更讓許多相信的網友深受其害，卻又是投訴無門。

　　有些社群行銷業者為了讓產品快速抓住廣大消費者的目光，紛紛在廣告中使用誇張用語來放大產品的效用，例如在廣告中使用世界第一、全球唯一、網上最便宜、最安全、最有效等誇大不實的用語來吸引消費者購買，或許成功達到廣告

吸睛的目的，但稍有不慎就有可能觸犯各國不實廣告（False advertising）的規範，這就是強調資訊精確性的重要。因此社群媒體平台不僅不能免責於平台上流通的內容，更應為資訊內容生態的健全發展，承擔起應有的責任。

2014 年時臺灣三星電子在臺灣就發生一件稱為三星寫手事件，是指臺灣三星電子疑似透過網路寫手在網路與社群平台進行不實的產品行銷被揭發而衍生的事件。三星涉嫌與網路業者合作雇用工讀生，假冒消費者在網路上發文誇大行銷三星產品的功能，蓄意惡意解讀數據，再以攻擊方式評論對手宏達電（HTC）出產的智慧式手機，企圖影響網路輿論，並打擊競爭對手的品牌形象。這也涉及了造假與所謂資訊精確性的問題。後來此事件也創下了臺灣網路行銷史上最高的罰鍰金額，除了金錢的損失以外，對於三星也賠上了消費者對品牌價值的信任。有些人則會利用網路匿名在社群網站貼文發布不實訊息、謾罵或批評別人等，這也可能觸犯刑法第 27 條公然侮辱罪、刑法第 310 條誹謗（毀謗）罪。

5-4-3 資訊財產權

社群平台的普及改變了消費者對於媒體的使用習慣，結合大數據分析，促使品牌逐漸依賴數位平台作為行銷管道，也浮現了數位資產，或稱為資訊財產權的價值。資訊財產權，是指資訊資源的擁有者對於該數位資源所具有的相關附屬權利。簡單來說，就是要定義出什麼樣的資訊使用行為算是侵害別人的著作權，並承擔哪些責任。例如將網路上所收集的圖片燒成 1 張光碟、複製電腦遊戲程式送給同學、將大補帖軟體安裝到個人電腦上、電腦掃描或電腦列印等行為，都侵犯到資訊財產權。或者你去旅遊時拍了一系列的風景照片，同學向你要了幾張留作紀念，但他如果未經你的同意就把相片放在臉書上當作內容時，不管展示的是原件還是重製物，也是侵犯了你的資訊財產權。網路行銷經常製作、投放的電視廣告（Commercial Film,CF），只要使用到他人著作，包括廣告中任何音樂都必須取得擁有資訊財產權所有人的授權。

隨著線上遊戲的魅力不減，且虛擬貨幣及商品價值日漸龐大，這類價值不斐的虛擬寶物需要投入大量的時間才可能獲得。也因此有不少針對線上遊戲設計的外掛程式，可用來修改人物、裝備、金錢、機器人等，最主要的目的就是為了想要提升等級或打怪，進而縮短投資在遊戲裡的時間。遊戲中虛擬的物品不僅在遊戲中有價值，其價值感更延伸至現實生活中。這些虛擬寶物及貨幣，往往可以轉賣給其他玩家以賺取現實世界的金錢，並以一定的比率兌換，這種交易行為在過去從未發生過

🛜 天堂遊戲中的天幣是玩家打敗怪獸所獲得的虛擬貨幣

圖片來源：http://lineage2.plaync.com.tw/

　　有些線上遊戲玩家運用自己豐富的電腦知識，利用特殊軟體（如特洛依木馬程式）進入電腦暫存檔獲取其他玩家的帳號及密碼，或用外掛程式洗劫對方的虛擬寶物，再把那些玩家的裝備轉到自己的帳號來。這樣的行為到底構不構成犯罪行為？由於線上寶物目前一般已認為具有財產價值，這已構成了意圖為自己或第三人不法之所有或無故取得、竊盜與刪除或變更他人電腦或其相關設備之電磁紀錄的罪責，這當然也是侵犯了別人的資訊財產權。

👍 **TIPS**

比特幣（Bitcoin）是一種全球通用加密電子貨幣，是透過特定演算法大量計算產生的一種 P2P 形式虛擬貨幣，這個網路交易系統由一群網路用戶所構成，和傳統貨幣最大的不同是，比特幣執行機制不依賴中央銀行、政府、企業的支援或信用擔保，而是依賴對等網路中種子檔案達成的網路協定，持有人可以匿名在這個網路上進行轉帳和其他交易。隨國際著名集團或商店陸續宣布接受比特幣為支付工具後，比特幣目前市價直逼金價，吸引全球投資人目光，目前已經有許多網站開始接受比特幣交易。

5-4-4　資訊存取權

資訊存取權最直接的意義，就是在探討維護資訊使用的公平性，包括如何維護個人對資訊使用的權利？如何維護資訊使用的公平性？與在何種情況下，組織或個人所能存取資訊的合法範圍，例如在社群中誰可以控制成員資格，並管理社群資源的存取權？隨著智慧型手機的廣泛應用，更加容易發生資訊存取權濫用的問題，特別要注意勿觸犯個人資料保護法、落實企業義務。

通常手機的資料除了有個人重要資料外，還有許多朋友私人通訊錄與或隱私的相片。用戶在下載或安裝 App 時，有時會遇到許多 App 要求權限過高，這時就可能會造成資訊全安的風險。蘋果 ios 市場比 android 市場更保護資訊存取權，例如 App Store 對於上架 App 的要求存取權限與功能不合時，在審核過程中就可能被踢除外，即使是審核通過，iOS 對於權限的審核機制也相當嚴格。

🛜 **App Store 首頁畫面**
下載 App 時經常會發生資訊存取權的問題

例如我們知道 P2P（Peer to Peer）是一種點對點分散式網路架構，可讓兩台以上的電腦，藉由系統間直接交換來進行電腦檔案和服務分享的網路傳輸型態。雖然伺服器本身只提供使用者連線的檔案資訊，並不提供檔案下載的服務，可是凡事有其利必有其弊，如今的 P2P 軟體儼然成為非法軟體、影音內容及資訊文件下載的溫床。雖然在使用上有其便利性、高品質與低價的優勢，不過也帶來了病毒攻擊、商業機密洩漏、非法軟體下載等問題。在此特別提醒讀者，要注意所下載軟體的合法資訊存取權，不要因為方便且取得容易，就造成侵權的行為。

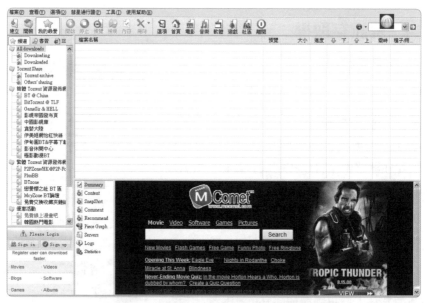

🛜 使用 BitComet 來下載軟體容易造成侵權的爭議

👥 5-5 社群行銷與智慧財產權相關法規與爭議

網際網路是全世界最大的資訊交流平台，在社群行銷快速發展的同時，「智慧財產權」所牽涉的範圍也越來越廣，使得所謂資訊智慧財產權的問題越顯複雜。對於有心透過網路創作，建立品牌影響力的店家來說，穩紮穩打才是經營個人品牌的「正道」，尤其是對於「著作權」的認識更是不可少。如何在網路上合法利用別人的著作，已成為每個人日常生活必須具備的基本常識。從網站設置、網頁製

作、申請網域名稱、建置雲端資料庫、軟體使用以及對營業有關的科技及商業資訊進行保密（加密）措施等，都直接涉及智慧財產權的相關法律問題。

5-5-1　認識智慧財產權

我國目前將「智慧財產權」（Intellectual Property Rights, IPR）劃分為著作權、專利權、商標權等三個範疇進行保護規範，這三種領域保護的智慧財產權並不相同，在制度的設計上也有所差異，權利的內容涵蓋人類思想、創作等智慧的無形財產，並由法律所創設之一種權利，或者可以看成是在一定期間內有效的「知識資本」（Intellectual capital）專有權，例如發明專利、文學和藝術作品、表演、錄音、廣播、標誌、圖像、產業模式、商業設計等等。說明如下：

- **著作權**：指政府授予著作人、發明人、原創者一種排他性的權利。著作權是在著作完成時立即發生的權利，亦即著作人享有著作權，不須要經由任何程序，當然也不必登記。

- **專利權**：專利權是指專利權人在法律規定的期限內，對保障其發明創造所享有的一種獨佔權或排他權，並具有創造性、專有性、地域性和時間性。但必須向經濟部智慧財產局提出申請，經過審查認為符合專利法之規定，而授與專利權。

- **商標權**：「商標」是指企業或組織用以區別自己與他人商品或服務的標誌，自註冊之日起，由註冊人取得「商標專用權」，他人不得以同一或近似之商標圖樣，指定使用於同一或類似商品或服務。

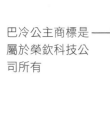

巴冷公主商標是屬於榮欽科技公司所有

5-5-2　著作權的內容

　　著作權則是屬於智慧財產權的一種，我國也在保護著作人權益，調和社會利益，促進國家文化發展，制定著作權法。我國著作權法對著作的保護，採用「創作保護主義」，而非「註冊保護主義」。不須要經由任何程序，當然也不必登記。著作財產權的存續期間，於著作人之生存期間及其死後五十年。至於著作權的內容則包括以下兩項：

　　「著作人格權」及「著作財產權」，分述如下：

著作權內容	說明與介紹
著作人格權	• 姓名表示權：著作人對其著作有公開發表、出具本名、別名與不具名之權利。 • 禁止不當修改權：著作人享有禁止他人以歪曲、割裂、竄改或其他方法改變其著作之內容、形式或名目致損害其名譽之權利。例如要將金庸的小說改編成電影，金庸就能要求是否必須忠於原著，能否省略或容許不同的情節。 • 公開發表權：著作人有權決定他的著作要不要對外發表，如果要發表的話，決定什麼時候發表，以及用什麼方式來發表，但一經發表這個權利就消失了。
著作財產權	包括重製、公開口述、公開播放、公開上映、公開演出、公開展示、公開傳輸權、改作權、編輯權、出租權、散布權等。

5-5-3　合理使用原則

　　基於公益理由與基於促進文化、藝術與科技之進步，為避免著作權過度保護，且為鼓勵學術研究與交流，法律上乃有合理使用原則。著作權法第一條開宗明義就規定：「為保障著作人著作權益，調和社會公共利益，促進國家文化發展，特制定本法。本法未規定者，適用其他法律之規定。」

國內著作權法目前廣泛規範的刑責，已經造成資訊數位內容產業發展上的瓶頸，任意地下載、傳送、修改等行為，都可能構成侵害著作權，也造成相關業者很大的困擾。因此保護作者是著作權法中很重要的目的之一，但這絕不是著作權法所宣示的唯一政策。還必須考慮到「促進國家文化發展」，也就是為了公益考量，又以「合理使用」規定，限制著作財產權可能無限上綱之行使。

所謂著作權法的「合理使用原則」，就是即使未經著作權人之允許而重製、改編及散布仍是在合法範圍內。其中的判斷標準包括使用的目的、著作的性質、佔原著作比例原則與利用結果對市場潛在影響等。

例如對於教育、研究、評論、報導或個人非營利使用等目的，在法律所允許的條件下，得於適當範圍內逕行利用他人著作，不經著作權人同意，而不會構成侵害著作權。著作權政策一直在作者的私利與公共利益間努力維繫平衡，並無具體之法律定義與界線，其平衡關鍵即在於如何促進國家文化的發展，希望不但能達到著作權人僅享有著作權法上所規範的一定權利，至於著作權法未規範者，均屬社會大眾所共同享有。在著作的合理使用原則下，也就是法律上不構成著作權侵害的個人使用型態，即使某些合理使用的情形，最好必須明示出處，而且要以合理方式表明著作人的姓名或名稱。當然最佳的方式是在使用他人著作之前，能事先取得著作人的合法授權。所謂的「合理使用」，除了註明出處與作者之外，著作權法第 52 條規定也指出「為報導、評論、教學、研究或其他正當目的之必要，在合理範圍內，得引用已公開發表之著作。」，而其中的重點就在於「合理範圍的引用」，所謂的「合理範圍的引用」指的是使用他人著作的「一小部分」。

5-5-4　個人資料保護法

隨著科技與網路的不斷發展，資訊得以快速流通，存取也更加容易，特別是在享受網路交易帶來的便利與榮景時，也必須承擔個人資訊容易外洩、甚至被不當利用的風險。例如某知名拍賣網站曾經被證實資料庫遭到入侵，導致全球有 1

億多筆的個資外洩，對於這些有大量會員的網購及社群網站在個資方面的投資與防護必須要再加強。

在臺灣一般民眾對於個人資料安全的警覺度還不夠，對於個資的蒐集與使用，總認為理所當然，過去臺灣企業對個資保護一直著墨不多，導致民眾個資取得容易，造成詐騙事件頻傳，因此近年來個人資料保護的議題也就越來越受到各界的重視。經過各界不斷的呼籲與努力，法務部組成修法專案小組於93年間完成修正草案，歷經數年審議，終於99年4月27日完成三讀，同年5月26日總統公布「個人資料保護法」，其餘條文行政院指定於101年10月1日施行。

個人資料保護法，簡稱「個資法」，所規範範圍幾乎已經觸及到生活的各個層面，尤其新版個資法上路後，無論是公務機關、企業或自然人，對於個人資訊的蒐集、處理或利用，都必須遵循該法規的規範，應當採取適當安全措施，以防止個人資料被竊取、竄改或洩漏。個資法所規範個資的使用範圍，不論是電腦中的數位資料，或者是寫在紙張上的個人資料，全都一體適用，不僅都有嚴格規範，而且制定嚴厲罰則，否則造成資料外洩或不法侵害，企業或負責人可能就得負擔高額的金錢賠償或刑事責任，並讓網站營運及商譽遭受重大損失，對於企業而言，肯定是巨大挑戰。

個資法立法目的為規範個人資料之蒐集、處理及利用，個資法的核心是為了避免人格權受侵害，並促進個人資料合理利用。這是對臺灣的個人資料保護邁向新里程碑的肯定，不過相對的我們卻也可能在不經意的情況下，觸犯了個資法的規定。關於個人資料保護法的詳細條文，可以參考全國法規資料庫（http://law.moj.gov.tw/LawClass/LawAll.aspx?PCode=I0050021）。

5-5-5 創用 CC 授權

🛜 臺灣創用 CC 的官網

隨著數位化作品透過網路的快速分享與廣泛流通，各位應該都有這樣的經驗，有時因為電商網站設計或進行網路行銷時，需要到網路上找素材（文章、音樂與圖片），不免都會有著作權的疑慮，一般人因為害怕造成侵權行為，也不敢任意利用。近年來網路社群與自媒體經營盛行，例如一些網路知名電商社群時常有轉載他人原創內容的需求，因此被檢舉侵犯著作權而造成不少風波，也讓人再次思考網路著作權的議題。不過現代人觀念的改變，多數人也樂於分享，總覺得獨樂樂不如眾樂樂，也有越來越多人喜歡將生活點滴以影像或文字記錄下來，並透過許都社群來分享給大眾。

因此對於網路上著作權問題開始產生了一些解套的方法，在網路上也發展出另一種新的著作權分享方式，就是目前相當流行的「創用 CC」授權模式。基本上，創用 CC 授權的主要精神是來自於善意換取善意的良性循環，不僅不會減少對著作人的保護，同時也讓使用者在特定條件下能自由使用這些作品，並因應各國的著作權法分別修訂，許多共享或共筆的網站服務都採用此種授權方式，讓大眾都有機會共享智慧成果，並激發出更多的創作理念。

所謂創用 CC（Creative Commons）授權是源自著名法律學者美國史丹佛大學 Lawrence Lessig 教授 於 2001 年在美國成立 Creative Commons 非營利性組織，目的在提供一套簡單、彈性的「保留部分權利」Some Rights Reserved）著作權授權機制。「創用 CC 授權條款」分別由四種核心授權要素（「姓名標示」、「非商業性」、「禁止改作」以及「相同方式分享」），組合設計了六種核心授權條款（姓名標示、姓名標示—禁止改作、姓名標示—相同方式分享、姓名標示—非商業性、姓名標示—非商業性—禁止改作、姓名標示—非商業性—相同方式分享），讓著作權人可以透過簡單的圖示，針對自己所同意的範圍進行授權。創用 CC 的 4 大授權要素說明如下：

標誌	意義	說明
🛈	姓名標示	允許使用者重製、散布、傳輸、展示以及修改著作，不過必須按照作者或授權人所指定的方式，標示出原著作人的姓名。
⊜	禁止改作	僅可重製、散布、展示作品，不得改變、轉變或進行任何部分的修改與產生衍生作品。
🛇	非商業性	允許使用者重製、散布、傳輸以及修改著作，但不可以為商業性目的或利益而使用此著作。
↻	相同方式分享	可以改變作品，但必須與原著作人採用與相同的創用 CC 授權條款來授權或分享給其他人使用。也就是改作後的衍生著作必須採用相同的授權條款才能對外散布。

　　透過創用 CC 的授權模式，創作者或著作人可以自行挑選出最適合的條款作為授權之用，藉由標示於作品上的創用 CC 授權標章，因此讓創作者能在公開授權且受到保障的情況下，更樂於分享作品，無論是個人或團體的創作者都能夠在相關平台進行作品發表及分享。對使用者而言，可以很清楚知道創作人對該作品的使用要求與限制，只要遵守著作人選用的授權條款來利用這些著作，所有人都可以自由重製、散布與利用這項著作，不必再另行取得著作權人的同意。當然最好能夠完整保留這些授權條款聲明，日後如有紛爭便可作為該著作確實採用創用 CC 授權的證明。從另一方面來看，對著作人而言，採用創用 CC 授權，不但可以減少個別授權他人所要花費的成本，同時也能讓其他使用者清楚地了解使用你的著作所該遵守的條件與規定。

5-5-6　網站圖片或文字

　　許多社群用戶都會使用其他網站相關的圖片與文字，若未經由網站管理或設計者的同意，就將其加入到自己的社群或貼文中就會構成侵權的問題，或者從網路直接下載圖片，然後在上面修正圖形或加上文字做成海報，如果事前未經著作財產權人同意或授權，都可能侵害到重製權或改作權。至於自行列印網頁內容或

圖片，如果只供個人使用，並無侵權問題，不過最好還是必須取得著作權人的同意。此外如果只是將著作人的網頁文字或圖片作為超連結的對象，由於只是讓使用者作為連結到其他網站的識別，因此是否涉及到重製行為，仍有待各界討論。

社群上任意使用他人網站圖片可能有侵權之虞

5-5-7　影片上傳問題

我們再來討論 YouTubeu 影音社群上影片所有權的問題，許多網友經常隨意把他人的影片或音樂上傳 YouTube 或其他社群平台供人欣賞瀏覽，雖然沒有營利行為，但也造成了需多糾紛，甚至有人控告 YouTube 不僅非法提供平台讓大家上載影音檔案，還積極地鼓勵大家非法上傳影音檔案，這就是盜取別人的資訊財產權。

🛜 YouTube 上的影音檔案也擁有資訊財產權

後來 YouTube 總部引用美國 1998 年數位千禧年著作權法案（DMCA），內容是防範任何以電子形式（特別是在網際網路上）進行的著作權侵權行為，其中訂定相關的免責的規定，只要網路服務業者（如 YouTube）收到著作權人的通知，就必須立刻將被指控侵權的資料下架，網路服務業者就可以因此免責。YouTube 網站充分遵守 DMCA 的免責規定，所以我們在 YouTube 經常看到很多遭到刪除的影音檔案。

5-5-8 網域名稱爭議

任何連上 Internet 上的電腦，都叫做「主機」（host）。而且只要是 Internet 上的任何一部主機都有唯一的 IP 位址去辨別它。IP 位址就是「網際網路通訊定位址」（Internet Protocol Address, IP Address）的簡稱，由於 IP 位址是一大串的數字組成，因此不容易記憶。所謂「網域名稱」（Domain Name）是以一組英

文縮寫來代表以數字為主的 IP 位址，例如榮欽科技的網域名稱是 www.zct.com. tw。

在網路發展的初期，許多人都把「網域名稱」（Domain name）當成是一個網址而已，扮演著類似「住址」的角色，後來隨著網路技術與電子商務模式的蓬勃發展，企業開始留意網域名稱也可擁有品牌的效益與功用，因為網域名稱不僅是讓電腦連上網路而已，還應該是企業的一個重要形象的意義，特別是以容易記憶及建立形象的名稱，更提升為辨識企業提供電子商務或網路行銷的表徵，成為一種有利的網路行銷工具。因此擁有一個好記、獨特的網域名稱，便成為現今企業在網路行銷領域中，相當重要的一項，例如網域名稱中有關鍵字確實對 SEO 排名有很大幫助，基於網域名稱具有不可重複的特性，使其具有唯一性，大家便開始爭相註冊與企業品牌相關的網域名稱。

由於「網域名稱」採取先申請先使用原則，許多企業因為尚未意識到網域名稱的重要性，導致無法以自身商標或公司名稱作為網域名稱。近年來網路出現了出現了一群搶先一步登記知名企業網域名稱的「域名搶註者」（Cybersquatter），俗稱為「網路蟑螂」，讓網域名稱爭議與搶註糾紛日益增加，不願妥協的企業公司就無法取回與自己企業相關的網域名稱。政府為了處理域名搶註者所造成的亂象，或者網域名稱與申訴人之商標、標章、姓名、事業名稱或其他標識相同或近似，臺灣網路資訊中心（TWNIC）於 2001 年 3 月 8 日公布「網域名稱爭議處理辦法」，所依循的是 ICANN（InternetCorporation for Assigned Names and Numbers）制訂之「統一網域名稱爭議解決辦法」。

☰ 本章 Q&A 練習

1   請問資訊安全所討論的項目，也可以分別從哪四個角度來討論？

2. 何謂「資訊倫理」？有哪四種標準？

3. 請解釋「資訊隱私權」的內容。

4. 什麼是 Cookie? 有什麼用途？

5. 資訊精確性的精神為何？

6. 請解釋資訊存取權的意義。

7. 電子支付系統的架構有哪些？

8. 付款閘道（Payment Gateway）是什麼？請舉例說明。

9. 現代電子支付系統必須具備以下哪四種特性？

10. 什麼是「社群犯罪」？

11. 請簡述社交工程陷阱（social engineering）。

12. 什麼是跨網站腳本攻擊（Cross-Site Scripting,XSS）？

13. 請簡述殭屍網路（botnet）的攻擊方式。

14. 試簡單說明密碼設置的原則。

15. 請說明 SET 與 SSL 的最大差異在何處？

16. 何謂著作權法的「合理使用原則」？

17. 請簡述用戶隱私權與定位資訊的控管與利用所帶來的爭議。

18. 請簡述創用 CC 的 4 大授權要素。

19. 請簡介創用 CC 授權的主要精神。

20. 什麼是網域名稱？網路蟑螂？

MEMO

臉書行銷
達人必學的關鍵心法

06

Facebook 簡稱為 FB，中文被稱為臉書，是目前最熱門且擁有最多會員人數的社群網站，也是目前眾多社群網站之中，最為廣泛地連結每個人日常生活圈朋友和家庭成員的社群。許多人幾乎每天一睜開眼就先上臉書，關注朋友們的最新動態，一般人除了藉由臉書來了解朋友的最新動態和訊息外，透過朋友的分享也能從中獲得更多更廣泛的知識，更包括這個社群平台提供各種應用程式，不管是遊戲或心理測驗，除了自己玩得開心，也可以和朋友一起玩，拉高朋友之間的互動率。

想玩遊戲，臉書上有很多遊戲可以選擇

　　臉書在臺灣具有爆炸性成長，從 2009 年 Facebook 在臺灣開始熱門之後，小自賣雞排的攤販，大至知名品牌、企業的大老闆，都紛紛都在臉書上經營粉絲專頁（Fans Page），打卡（在臉書上標示所到之處的地理位置）是普遍流行的現象，透過臉書打卡與分享照片，更讓學生、上班族、家庭主婦都為之瘋狂。例如餐廳提供來店消費打卡者折扣優惠，利用臉書粉絲團商店增加品牌業績，對店家來說也是接觸大眾最普遍的管道之一，更是國人最愛用的社群網站。

動態消息可以看到臉書朋友所發布的訊息

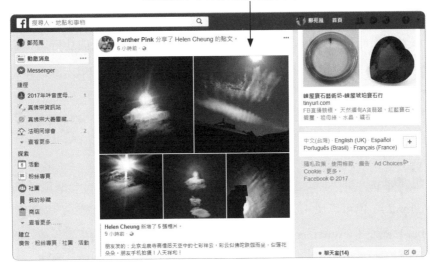

👥 6-1 申請臉書帳號初體驗

　　如果各位懂得利用臉書的龐大社群網路系統，希望藉由社群的人氣，增加粉絲們對於企業品牌的印象，更有利於聚集目標客群，並帶動業績成長，只要懂得善用臉書來進行數位行銷，必定可以用最小的成本，達到最大的行銷效益。

「交友邀請」列出你可能認識的朋友，也可以看出彼此的共同朋友有多少

不過經營 FB 真的是百年大計，需要花費一段時間做功課，要成功吸引到有消費力的客群加入需要不少心力，經營社群媒體，首先要很清楚所希望達到的目標，當然如果能更熟悉 Facebook 所提供的功能，並吸取他人成功行銷經驗，肯定可以為商品帶來無限的商機。還不知道怎麼發揮臉書行銷的最大效益嗎？那就趕快先申請個帳號吧！

6-1-1　申請帳號

　　想要建立一個 Facebook 新帳號其實很簡單，首先要擁有一個電子郵件帳號（e-mail），也可以使用手機號碼作為帳號，接著啟動瀏覽器，於網址列輸入 Facebook 網址（www.facebook.com），就會看到 Facebook 的「登入或註冊」網頁，請在「註冊」處輸入姓氏、名字、電子郵件或手機電話號碼、密碼、出生年月日、性別等各項資料，按下「建立帳號」鈕，再經過搜尋朋友、基本資料填寫與大頭貼上傳，就能完成註冊程序。

❶ 新會員由此輸入個人基本資料

❷ 按下「建立帳號」鈕完成註冊程序

Facebook 如果只是個人所使用，並不允許共同帳號，所以在申請帳號時，Facebook 要求所有的會員必須使用平常使用的姓名，或是朋友對會員的稱呼。如果使用了非「系統認定」的本名或雙疊字就會遭到警告，申請時務必要建立真實的身分，避免遭到停權。

6-1-2 登入 Facebook 會員帳號

擁有臉書的會員帳號後，任何時候都可以在臉書首頁輸入電子郵件 / 電話和密碼，按下「登入」進行登入。同一部電腦如果有多人共同使用，在註冊為會員後，也可以直接按大頭貼登入會員帳號。

臉書會員由此輸入帳號和密碼進行登入

也可以直接按下大頭貼進行登入

6-2 臉書觸動人心的最新功能

如果各位還像無頭蒼蠅一般，正在煩惱怎麼樣吸引更多粉絲，別著急！接下來我們將陸續介紹臉書中可以運用社群行銷商品或理念的相關功能。不過由於臉書功能更新速度相當快，如果想即時了解各種新功能的操作說明，可以在臉書功能表清單中進入「協助和支援」頁面，進入下圖的使用說明頁面，不僅可以搜尋要查詢的功能，也可以看到大家常關心的熱門主題。

2017 年底 Facebook 發表了幾項最新功能，讓使用者可以跟朋友以更輕鬆有趣的方式分享相片和影片，本節就先介紹「相機」、「限時動態」、「悄悄傳」等功能。

6-2-1 新增相機

在全球這波「圖像比文字更具吸引力」的社群趨勢中，因為拍攝的相片不夠漂亮，很難吸引用戶們的目光，如果將自己用心拍攝的圖片加上貼文至行銷活動中，對於提升粉絲的品牌忠誠度來說有相當的助益。根據官分統計，臉書上最受歡迎、最多人參與的貼文中，就有高達 90% 以上是有關相片的貼文。Facebook 內建的「相機」功能包含數十種特效，讓用戶可使用趣味或藝術風格等濾鏡特效拍攝影像，像是邊框、面具、互動式特效等，只需簡單的套用，便可透過濾鏡讓照片充滿搞怪及趣味性。如下二圖所示：

同一人物，套用不同的特效，產
生的畫面很難想像是同一個人

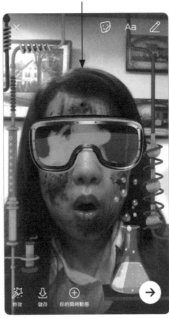

要使用手機上的「相機」功能，請在動態時報上方按下 📷 鈕，進入相機拍照
的狀態。接著在螢幕下方切換到「一般」模式，按下「特效」🌟 鈕，即可在螢幕
下方選擇各種特效按鈕來套用，選定特效後，按下 ⭕ 鈕就完成相片特效的拍攝。

顯示人物套用特效的結果

　　相片拍攝後,螢幕上方還提供三個按鈕,按 ✎ 鈕可隨手塗鴉任何色彩的線條, Aa 鈕能使用打字方式加入文字內容,而按下 ☺ 鈕還可加入貼圖、地點和時間。如下圖所示:

由左而右依序為「貼圖」、
「打字」、「塗鴉」等設定

螢幕下方則提供「特效」、「儲存」與「你的限時動態」三種按鈕，按下「特效」可繼續選擇加入不同的花邊樣式，按下「儲存」鈕則是將相片儲存到自己的裝置中，而「你的限時動態」則是發布貼文後在 24 小時內自動消失。

6-2-2　限時動態

限時動態（Stories）功能相當受到年輕世代喜愛，能讓臉書的會員以動態方式來分享創意影像，跟其他社群平台不同的地方，又多了很多有趣的特效和人臉辨識互動玩法。這樣限時消失的功能主要源自於相當受到歐美年輕人喜愛的 SnapCha 社群平台，推出 14 個月以來，臉書限時動態每日經常用戶數已達到 1.5 億。限時動態功能會將所設定的貼文內容於 24 小時之後自動消失，除非使用者選擇同步將照片或影片發布在動態時報上，不然照片或影片會在限定的時間後自動消除。

相較於永久呈現在動態時報的照片或影片，對於一些習慣刪文的使用者來說，應該更喜歡分享稍縱即逝的動態，對品牌行銷而言，不但已經成為品牌溝通重要的管道，正因為限時動態是 24 小時閱後即焚的動態模式，會讓用戶更想常去觀看「即刻分享當下生活與品牌花絮片段」的限時內容。想要發布自己的「限時動態」，請在 Facebook App 上方找到個人的圓形大頭貼，按下「你的限時動態」鈕就能進入相機狀態，選擇照相或是直接找尋相片來進行分享。

「悄悄傳」功能

按下此鈕後進入相機功能，操作技巧同相機

6-2-3 悄悄傳

臉書新增了「悄悄傳」功能，用戶可以透過此功能分享只會存在一段時間的照片或影片給特定的朋友，只有傳送跟接收者可以看到，而且每次傳送的內容最多只可以觀看 2 次，在超過 24 小時後即自動刪除、無法再被觀看，也無法儲存照片。很多人習慣在任何時間與他人分享照片或影片，但同時又希望保有隱私性，「悄悄傳」功能既可滿足用戶的需求，也帶來更有趣且具創意的體驗。

用戶可以悄悄和特定朋友分享限時的相片或影片，當朋友悄悄傳送相片或影片給你，你就能在「悄悄傳」部分查看內容或回覆對方，不過悄悄傳只能傳送照片或是影片，而且僅能傳送給部分朋友，而非直接發表在限時動態當中提供所有臉書朋友觀看。

要使用「悄悄傳」功能，請 Facebook App 上按下 ◥ 鈕使進入「悄悄傳收件匣」，由下方按下「傳送相片／影片」鈕後就會進入相機狀態，請自行拍照或選取相片。

當各位設定好要傳送的畫面後，按下 → 鈕將進入「分享相片」的畫面，請在「悄悄傳」下方點選要傳送的朋友，按下 ▷ 鈕即可傳送相片或影片，而朋友開啟相片後，24 小時內可再察看一次。

「分享相片」裡也有提供「限時動態」和「發布貼文」的功能

6-3 直播行銷

人類一直以來聯繫的最大障礙，無非就是受到時間與地域的限制，拜 4G 及行動頻寬越來越普及之賜，透過行動裝置開始打破和消費者之間的溝通藩籬，特別是臉書開放直播功能後，手機成為直播最主要工具。不同於以往的廣告行銷手法，影音直播更能抓住消費者的注意力，依照臉書官方的說法，觸及率最高的第一個就是直播功能，因此直播行銷將是下一波數位行銷的熱門話題。

目前全球玩直播正夯，許多企業開始將直播作為行銷手法，消費觀眾透過行動裝置，特別是 35 歲以下的年輕族群觀看影音直播的頻率最為明顯，利用直播的互動與真實性吸引網友目光，從個人販售產品透過直播跟粉絲互動，延伸到電商品牌透過直播行銷，也能代替網路研討會（Webinar）與產品說明會，讓現場直播可以更真實的與消費者對話。例如小米直播用電鑽鑽手機，證明手機依然毫髮無損，就是活生生把產品發表會做成一場直播秀，這些都是其他行銷方式無法比擬的優勢，也將顛覆傳統網路行銷領域。

TIPS

在數位時代裡，我們經常聽到 Webinar 這個術語，Webinar 一字來自 seminar，是指透過網路舉行的專題討論或演講，稱為「網路線上研討會」（Web Seminar 或 Online Seminar），通常專業性或主題性較強，許多廠商都利用這種型式來作為產品發表、教育訓練、行銷推廣等用途。

直播行銷最大的好處在於進入門檻低，只需要網路與手機就可以開始，不需要專業的影片團隊也可以製作直播，現在不管是明星、名人、素人，通通都要透過直播和粉絲互動。唐立淇就是利用直播建立星座專家的專業形象，發展出類似脫口秀的節目。

🔊 星座專家唐立淇靠直播贏得廣大星座迷的信任

6-3-1 臉書直播不求人

直播成功的關鍵在於創造真實的內容，有些很不錯的直播內容都是環繞著特定的產品或是事件，將產品體驗開箱拉到實況平台上，可以更真實的呈現產品與服務的狀況。每個人幾乎都可以成為一個獨立的電視頻道，讓參與的粉絲擁有親臨現場的感覺，也可以帶來瞬間的高流量。

要規劃一個成功的直播行銷，一定得先了解粉絲特性、事先規劃好主題、內容和直播時間，在整個直播過程中，你必須讓粉絲不斷保持著「what is next？」的好奇感，讓他們去期待後續的結果，才有機會抓住最多粉絲的目光，進而達到翻轉行銷的能力。

直播除了可以和網友分享生活心得與樂趣外，儼然成為商品銷售的素民行銷平台，不僅能拉近品牌和觀眾的距離，這樣的即時互動還能建立觀眾對品牌的信任。多數開始的業者大多以玉石、寶物或玩具的銷售為主，現今投入的商家越來

越多，不管是 3C 產品、冷凍海鮮、生鮮蔬果、漁貨、衣服等通通都搬上桌，直接在直播平台上吆喝叫賣。

目前越來越多網路銷售透過直播進行，主要訴求就是即時性、共時性，這也最能強化觀眾的共鳴，也由於競爭越來越激烈且白熱化，目前最常被使用的方法為辦抽獎，有些商家為了拼出點閱率，拉抬臉書直播的參與度，還會祭出贈品或現金等方式來拉抬人氣。大家喜歡即時分享的互動性，只要進來觀看的人數越多，就可以抽更多的獎金，也讓圍觀的粉絲更有臨場感，並在直播快結束時抽出幸運得主。

臉書直播現在也開始成為社群行銷的新戰場，不單單只是素人與品牌直播而已，現在還有直播拍賣，用戶能夠從手機上即時按一個鈕，就能立即分享當下實況，臉書上的好友也會同時收到通知。腦筋動得快的業者就直接運用臉書直播來做商品的拍賣銷售，像是延攬知名藝人和網路紅人來拍賣商品。直播拍賣只要名氣響亮，觀看的人數眾多，主播者和網友之間有良好的互動，進而加深粉絲的好感與黏著度，只要對粉絲好一點，粉絲自然會跟你互動，就可以在臉書直播的平台上衝高收視率，帶來龐大無比的額外業績，不用被動式的等客戶上門，也不受天氣或場地的限制，只要有網路或行動裝置在手，任何地方都能變成拍賣場。

📶 臉書直播是商品買賣的新藍海

例如臉書直播的即時性就非常吸引粉絲目光，而且沒有技術門檻，只要有手機和網路就能輕鬆上手，開啟麥克風後，再按下臉書的「直播」或「開始直播」鈕，就可以向臉書上的朋友販售商品。

🛜 iPhone 手機按「直播」鈕

🛜 Android 手機按「開始直播」鈕

　　在店家直播的過程中，臉書上的朋友可以留言、喊價或提問，也可以按下各種的表情符號讓主播人知道觀眾的感受，適時的詢問粉絲意見、開放提問、轉述粉絲留言、回應粉絲等可以讓粉絲有參與感，完全點燃粉絲的熱情，為網路和實體商品建立更深厚的顧客關係。當拍賣者概略介紹商品後便喊出起標價，然後讓臉友們開始競標，臉友們也紛紛留言下標，搶成一團，造成熱絡的買氣。如果觀看人數尚未有起色，也會送出一些小獎品來哄抬人氣，按分享的臉友也能到獎金獎品，透過分享的功能就可以讓更多人看到此銷售的直播畫面。

臉友的留言也會直接顯示在直播畫面上

直播過程中，瀏覽者可隨時留言、分享或按下表情的各種符號

在結束臉書的直播拍賣後，業者也會將直播視訊放置在臉書中，方便其他的網友點閱瀏覽，甚至寫出下次直播的時間與贈品，以便臉友預留時間收看，預告下次競標的項目，吸引潛在客戶的興趣，或是純分享直播者可獲得的獎勵，讓直播影片的擴散力最大化，這樣的臉書功能不但再次拉抬和宣傳直播的時間，也達到再次行銷的效果與目的。

直播的內容，隨時都可在臉書上再次觀看

除了生活用的商品可以透過臉書直播功能來行銷外，現在透過直播視訊範圍更可以擴大至全球，各位想要看看其他國家的現場直播畫面，直接從地圖上就可以找尋。

點選地圖上的藍點，就可以看到該區域的視訊直播

👥 6-4 臉書基本集客攻略

現在只要是有在網路進行販售的店家，幾乎都會透過臉書做行銷，如果認為只要申請一個臉書帳號，就期望經營臉書行銷是一件手到擒來的輕鬆事，那最好盡早從這個美夢中醒來。要進行臉書行銷，還真得十八般武藝樣樣精通，接下來就來對於臉書的基本功能加以介紹，讓讀者對臉書行銷領域的應用有初步的認識。

6-4-1 隨時發布的「動態消息」

不管是電腦版或手機版，首頁是各位在登入臉書時看到的內容；其中包括動態消息，以及朋友、粉絲專頁與其一連串貼文（持續更新）。臉書官方解釋，動態消息的目的就是讓使用者看見與自己最相關的內容，在臉書裡面最常見也最簡單方便的行銷方式就是在「動態消息」進行行銷，隨時可以發表貼文、圖片、影片

或開啟直播視訊，讓所有朋友得知你的訊息或是想傳達的思想理念。動態消息上的行銷訊息也能在好友們的近況動態中發現，且能透過按讚及分享觸及到好友以外的客群，而達到行銷到朋友的朋友圈中，迅速擴散行銷商品訊息或特定理念。

動態消息區可建立貼文、上傳相片／影片或進行直播視訊

新的「動態消息」還可以讓用戶直接由下方的圖鈕點選背景圖案，讓貼文不再單調空白。

❶ 選取背景圖案

❷ 輸入文字內容

❸ 按「發布」鈕發布貼文

希望每次開啟臉書時，都能將關注的對象或粉絲專頁動態消息呈現出來，搶先觀看而不遺漏嗎？那麼可以透過「動態消息偏好設定」的功能來自行決定。

　　請由視窗右上角按下 ■ 鈕，下拉選擇「動態消息偏好設定」指令，接著在「偏好設定」視窗中點選「排定優先查看的對象」，再於不想錯過的對象上按下左鍵，大頭貼的右上角就會出現藍底白星的圖示 ⭐，依序設定後，動態消息頂端就會隨時顯現這些朋友的貼文。

如果不想追蹤朋友或粉絲專頁，可以點選「取消追蹤用戶以隱藏其貼文」來取消追蹤

6-4-2 聊天室與即時通訊 Messenger

當各位開啟臉書時，哪些臉書的朋友已上線，從右下角的「聊天室」便可看得一清二楚。

已上線的臉書朋友都可由此得知，目前顯示有 13 人上線

看到熟友正在線上，想打個招呼或進行對話，直接從聊天室的清單中點選聯絡人，就能在開啟的視窗中即時和朋友進行訊息的傳送。

點選此處，可前往該網友的臉書進行瀏覽

❷ 開啟聯絡人視窗，由此輸入訊息或傳送資料　　❶ 點選上線的聯絡人名稱

所開啟的臉書聯絡人視窗，除了由下方傳送訊息、貼圖或檔案外，想要加朋友一起進來聊天、進行視訊聊天、展開語音通話，都可由視窗上方進行點選。另外，按下「選項」鈕點選「以 Messanger 開啟」指令，也能開啟即時通訊視窗 -Messanger，讓各位專心地與好友進行訊息對話，而不受動態消息的干擾。臉書的「Messenger」目前已經成為企業新型態數位行銷工具，相較於 EDM 或是傳統電子郵件，Messenger 發送的訊息更應該簡短，並且私人，是最能讓店家靈活運用的管道，還可以設定客服時間，讓消費者直接在線上諮詢。

加朋友進來聊天 ────
進行視訊聊天 ────
展開語音通話 ────

「選項」鈕所提供的功能選單

如果由臉書首頁的左上方按下「Messenger」選項，就會進入 Messenger 的獨立頁面，點選聯絡人名稱即可進行通訊。

❶ 點選「Messenger」

由此可搜尋臉書上的其他朋友

❷ 點選朋友相片　　❸ 在此輸入訊息、傳送檔案、或貼圖

　　視窗左側會列出曾經與你對話過的朋友清單，並可加入店家的電話和指定地址，如果未曾通訊過的臉書朋友，也可以在左上方的 🔍 處進行搜尋。

　　在這個獨立的視窗中，不管聯絡人是否已上線，只要點選聯絡人名稱，就可以在訊息欄中留言給對方，當對方上臉書時自然會從臉書右上角看到「收件夾訊息」🔲 鈕有未讀取的新訊息。另外，利用 Messenger 除了直接輸入訊息外，也可以發送語音訊息、直接打電話，或是視訊聊天，相當的便利。

有新訊息未讀取，這裡會顯示

語音訊息，按下「播放」鈕可聽到聲音　　　　　　選擇語音通話或視訊聊天

當用戶的臉書有行銷的訊息發布出去，臉書上的朋友大都是透過 Messenger 來提問，所以經營粉絲專頁的人務必經常查看收件匣的訊息，對於網友所提出的問題需用心的回覆，這樣才能增加品牌形象，提升商品的信賴感。

6-4-3 上傳相片與標註人物

臉書的「相片」功能相當特別也非常友善，它可以讓你記錄個人的精彩生活，依照拍攝時間和地點來管理自己的相簿，同時也能讓臉書上的朋友們分享你的生活片段，從你所上傳的照片或影片中更了解你這位朋友。

凡是臉書上的朋友，只要點選他們的大頭貼，進入他們的臉書頁面後，就可以從他的「相片」中了解這個人的習性與喜好

除此之外，當朋友在相片中標註你的名字後，該相片也會傳送到你的臉書當中，並存放到你的「相片」標籤之中，讓你也能保留相片。

個人臉書的「相片」標籤

朋友在相片上標註你的名字，相
片也會自動顯示在你的臉書之中

由此建立個人的相簿、新增相片或影片

　　用戶若希望相片在臉書成功獲得關注，需要把握兩個基本要素：1. 與實際產品呈現相符，2. 最好以說故事的形式呈現。此外，也要了解如何妥善管理相片、了解建立相簿的方法以及新增相片的方式。

　　此外，在「相片」標籤中按下 ＋建立相簿 鈕，將可把整個資料夾中的相片一併上傳到臉書上，尤其是團體的活動相片，為活動紀錄精彩片段也能讓參與者或未參與者感受當時的熱絡氣氛。在新增相簿的過程中，也可以為相片中的人物標註名字，如此該相片也會傳送到對方臉書的「相片」中，相信被標註者也會感受到你對他的重視。

　　要特別注意的是，上傳的相片中有標註其他人時，除了你選擇的對象以外，被標註者和其他所有的朋友也都會看到這張相片，如果不希望被標註者的朋友也看到相片，就要前往該相片並開啟分享對象功能表，選擇編輯隱私設定，再選擇要分享的對象。

❶ 按下「建立相簿」鈕

❷ 點選要上傳的資料夾　　　　❸ 按下「開啟」鈕

❹ 選取要上傳的相片

❺ 按下「開啟」鈕

❻ 輸入相簿名稱　　也可在此標註地點

❼ 點選人像後，由此輸入姓名

加註的人名會顯示於此

❽ 按下鈕可以選　　　❾ 設定完成，按
　擇哪些人可以　　　　「發布」鈕發
　看到此內容　　　　　布出去

相簿建立完成

透過這樣的方式，被標註名字的人很快就會在「通知」處看到如下的通知了！

6-4-4　建立活動

　　想要招募新粉絲，辦活動可能是最快的辦法，在臉書裡也可以為粉絲專頁舉辦活動或者建立私人活動，需要多設計活動或是交流機制，培養消費者除了購物之外，也能多來停留，建立的私人活動只有受邀的賓客才會看到這場活動，主辦人可以選擇讓賓客邀請其他人，據統計有 30% 的網友會按讚粉絲頁，原因只是想要參加比賽活動。

舉辦活動時可在左下圖的視窗中輸入活動名稱、地點、日期與說明文字，再上傳相片或影片作為活動宣傳照，這樣就可讓朋友和粉絲們知道活動內容。如果在粉絲頁上建立活動，通常需要設定活動名稱、活動地點、舉辦的時間、以及活動相片，如果有更詳細的活動類型、活動說明、關鍵字介紹，或是需要購置門票等，也可以進一步做說明，這樣就可讓粉絲們知道了解內容。

🛜 建立私人活動　　　　　　　　🛜 建立公開活動

6-4-5　設定朋友關係與群組

臉書上的朋友，有的彼此往來密切，對方的任何動態都會想要關注，有的只是點頭之交，甚至從不往來，但是他的動態消息總是頻繁的出現，讓你不勝其

擾,這種情況不妨透過「朋友」來加以設定。請在臉書上按下右上方的「個人檔案」鈕,接著切換到「朋友」標籤,這裡會列出所有朋友清單。

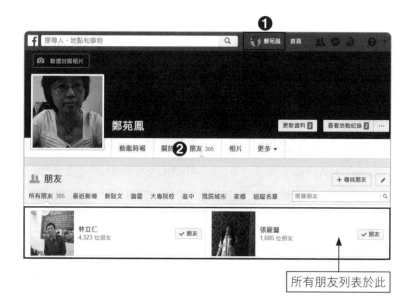

所有朋友列表於此

找到要設定朋友關係的聯絡人,然後按下右側的「朋友」鈕,如果希望看到他的消息,可將「接收通知」的選項加以勾選,如果要減少該朋友發文出現在動態列上,那麼將朋友關係設為「點頭之交」。

將很少互動、沒有聯絡的朋友設為點頭之交,
那麼這些人的動態就不會出現在你的動態上　　　　勾選此項可接受通知

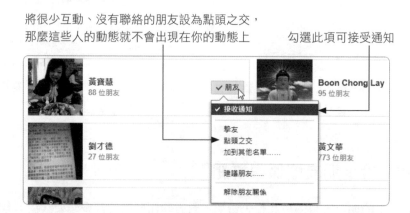

　　當朋友越加越多時，想要將朋友分類管理，以便決定分享的的對象，那麼從臉書左側點選「朋友名單」，就能看到預設朋友類別，你也可以按下「建立新名單」鈕來建立新的群組。

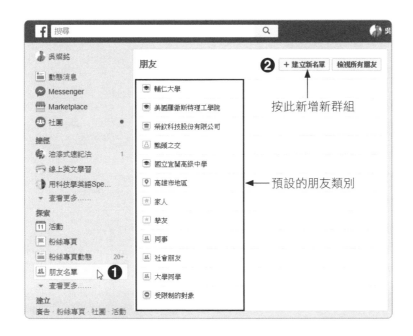

　　以「摯友」群組為例，你可以將最要好的朋友們都加到此名單內，就可以在這裡看到他們的相片與動態。點選「摯友」的類別後，再由如下的視窗中「新增摯友」鈕，接著由顯示的視窗中點選好友使之勾選，按「完成」鈕就完成設定了。

■ 本章 Q&A 練習

1. 請簡介限時動態（Stories）功能。

2. 「悄悄傳」功能有什麼好處？

3. 直播行銷的好處是什麼？

4. 請列舉臉書「Messenger」的優點。

5. 請簡介在臉書辦活動的意義。

6. 請簡單說明如何在臉書直播？

7. 何謂 Webinar？試簡述之。

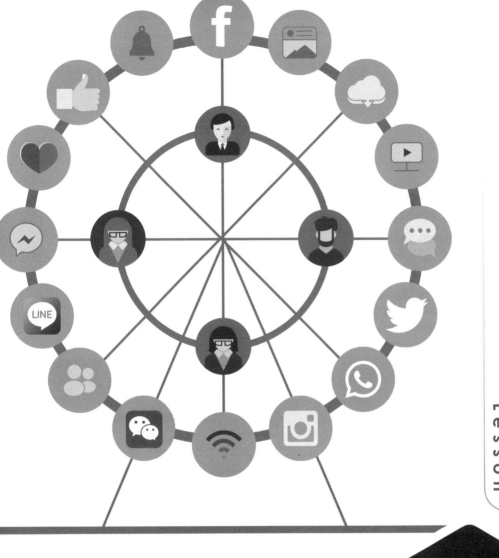

粉專經營攻略

讓粉絲甘心掏錢的私房秘技

07

- ▶ 粉絲專頁經營的小巧思
- ▶ 建立我的粉絲專頁
- ▶ 邀請朋友加入粉絲專頁
- ▶ 在粉絲專頁貼文
- ▶ 一次搞懂粉絲專頁管理者介面

粉絲經濟也算一種新的經濟形態，在這個時代做好粉絲經營，社群行銷就能事半功倍，甚至有許多店家直接在粉絲專頁上販售商品，粉絲行銷也是社群行銷中一再被提及的重要一環。品牌要在社群媒體上與眾不同，就必須提供粉絲具有價值的訊息，誰掌握了粉絲，誰就找到了賺錢的捷徑。所以很多的企業、組織、名人等官方代表，都紛紛建立一個專屬的粉絲專頁，用來發布一些商業訊息，或是與消費者做第一線的互動。

　　粉絲專頁（Pages）適合公開性的活動，而成為粉絲的用戶就可以在動態時報中，看到自己喜愛專頁上的消息狀況，這樣可以快速散播活動訊息，達到與粉絲即時互動的效果。當各位建立粉絲專頁後，任何人對粉絲專頁按讚、留言、或做分享，管理者都可以在「通知」的標籤查看得到。

　　行銷用戶需要的不只是一個臉書粉絲專頁，更不是單純充門面的粉絲數，如果沒有長期的維護經營，有可能會使粉絲們取消關注，因此必須定期的發文撰稿、上傳相片／影片宣傳、注意粉絲留言並與粉絲互動，如此才能建立長久的客戶，加強企業品牌的形象。事實上，有沒有粉絲專業對於運作社群行銷不是重點，而是如何經營得好，透過粉絲專頁實際引起潛在客戶按讚、溝通、互動、點擊，甚至能成功導購的的結果才是關鍵。本章中我們將針對粉絲專頁的建立、邀請朋友加入、發布貼文、新增／編輯影片等基礎功能進行介紹，讓各位不但可以擁有粉絲專頁，也能為自家商品增加曝光機會。

粉絲專頁（Pages）適合公開性的活動

7-1 粉絲專頁經營的小巧思

網友的特質是「喜歡分享」、「需要溝通」、「心懷感動」，無論在任何平台的社群行銷策略，找到社群行銷的受眾絕對是第一要務，在建立目標受眾時，必須了解他們的興趣、痛點、年齡、性別等資訊。粉絲專頁不同於個人臉書，臉書好友的上限是 5000 人，而粉絲專頁可針對商業化經營的企業或公司，粉絲人數並無限制，屬於對外且公開性的組織。粉絲專頁必須是組織或公司的代表，才可建立粉絲專頁，粉絲專頁還可以在臉書的動態時報上分享訊息。

要做好粉絲行銷，首先必須用經營朋友圈的誠懇態度，而不是從廣告推銷的商業角度。透過這樣的分享和交流方式，讓更多人認識和使用商品，建立粉絲專頁的人，也可以作為特定主題的推廣頁面，通常希望有更多人成為粉絲，藉以傳達自己想要發布的品牌資訊給粉絲們知道，此外還能統計訪客人數，提供行銷的數據分析，也可以有多位管理員來分層管理粉絲專頁，或者透過臉書廣告的購買，以低成本來行銷商品，增加商品的能見度。任何人在專頁上按「讚」即可加入成為粉絲，所以許多官方代表都紛紛建立專屬的粉絲專頁，除了建立商譽和口碑外，更能讓企業以最少的成本得到最大的商業利益，進而帶動商品的業績。

7-1-1 粉絲專頁類別

建立粉絲專頁的目的在於培養一群核心的鐵粉，增加現有消費者對品牌認同度，並透過粉絲專頁讓潛在客戶更加認識你，吸引更多目標族群來成為粉絲。粉絲專頁的類別包含了「企業或品牌」與「社群或公眾人物」兩大類別，首先請選擇一個最貼近產業或商業利基的類別。千萬別以為設定的類別名稱無關緊要，這能清楚交代的公司在做什麼，也有助於日後客戶的搜尋。要建立粉絲專頁，只要從個人臉書「首頁」的左下角的「建立」處按下「粉絲專頁」，就能在如下視窗中選擇專頁類型。

　　每個臉書帳號都可以建立與管理多個粉絲專頁，雖然沒有設限粉絲數目，但是粉絲頁的經營就代表著企業的經營態度，必須用心經營與照顧才能給粉絲們信任感。

7-1-2　粉絲專頁的吸睛公式

　　經營粉絲專頁沒有捷徑，建立粉絲專頁之前，必須要有做足事前的準備，例如需要有粉絲專頁的封面相片、大頭貼照，還需準備粉絲專頁的基本資料，這樣才能讓其他人可以藉由這些資訊快速認識粉絲專頁的主角。這裡先將粉絲專頁的版面簡要介紹，以便用戶預先準備。

粉絲專頁名稱　　　　　　　　　　粉絲專頁封面

大頭貼照

粉絲專頁封面

　　進入粉專頁面，第一眼絕對會被封面照吸引，重要性不言可喻，粉專頁面在
螢幕上顯示的尺寸是寬 820 像素，高 310 像素，依照此比例放大製作即可被接
受。封面主要用來吸引粉絲的注意，從一開始就緊抓粉絲的視覺動線，如果可
以的話，盡量能在封面上顯示粉絲專頁的產品、促銷、活動、甚至是主題標籤
（hashtag）都可以放上封面，或是任何可以加強品牌形象的文案與 logo，讓人
一看就能一清二楚，無論如何封面照片的角色都具有推波助瀾的功用，我們要注
意的是，粉絲專頁的封面為公開性宣傳，不能造假或有欺騙的行為，也不能侵犯
他人的智慧財產權。

TIPS

只要在字句前加上 #，便形成一個主題標籤（Hashtag），可用以搜尋主題，是目前社群網路上相當流行的行銷工具，已經成為成為品牌行銷重要一環，可以利用時下熱門的關鍵字，並以 Hashtag 方式提高曝光率，使用者可以在貼文裡加上別人會聯想到自己的主題標籤，能將各位個人動態時報或專頁貼文中的主題和詞句轉變為可點擊的連結，透過標籤功能，所有用戶都可以搜尋到你的貼文。

大頭貼照

大頭貼照在螢幕上顯示的尺寸是寬 180 像素，高 180 像素，正方形的圖形即可使用，粉絲專頁的封面與大頭貼所使用的影像格式可為 JPG 或 PNG 格式，從設計上來看，最好嘗試整合大頭照與封面照，以大頭貼和封面照為一體的創意表現手法，加上運用創意且吸睛的配色，讓你的品牌被一眼認出，這也是讓整體視覺感受可以提升的絕佳方式。

TIPS

JPG 格式屬於破壞性壓縮的全彩影像格式，採用犧牲影像品質來換得更大的壓縮空間，其檔案容量會比一般圖檔格式來得小。而 PNG 格式則是非破壞性的影像壓縮格式，壓縮後的檔案會比 JPG 來的大，具有全彩顏色的特性，所以想要擁有較好的影像品質，建議可選用 PNG 格式。

品牌故事

品牌故事用來輔助說明，試著用 30 字以內的文字敘述自己的品牌或產品內容，讓粉絲們了解品牌成立的故事，有了參雜有趣事實的背景故事，品牌就會更富有人性，還可在其中加入公司的標語或標題，以協助粉絲們了解品牌，另外還能以文字描述，或是新增相片來說明，這裡的內容隨時可以變更修改或稍後再作加強，也能與你的其他網站商城社群平台串接。

粉絲專頁基本資料

依照粉絲專頁類型而定，可以加入不同類型的基本資料，粉絲專頁所要提供的資訊包括專頁的類別、子類別、名稱、網址、開始日期、營業時間、簡短說明、版本資訊、詳細說明、價格範圍、餐點、停車場、公共運輸、總經理等各種資料。千萬不要在任何欄位中留下空白，這些完整資訊將為品牌留下好的第一印象，如果能清楚提供這些細節，臉書頁面將看起來更加專業與權威，這裡的資料會因為屬性的不同而有差異，就如同編寫個人自傳一樣，而粉絲們只會看到有編寫的部分，其餘並不會顯示出來。

7-2 建立我的粉絲專頁

粉絲頁的開放性，讓它成為一個行銷推廣的工具，內容絕對是經營成效最主要的重點，專頁上所提供的訊息越多越好，可以讓更多人加入粉絲專頁。當各位對於粉絲專頁的封面相片和大頭貼照的呈現方式了解之後，接著就可以開始準備申請與設定粉絲專頁。請在臉書網頁左下角按下「粉絲專頁」的連結，或是在臉書右上角按下 ▼ 鈕並下拉選擇「建立粉絲專頁」指令，都可以建立粉絲專頁。

按此鈕，下拉選擇「建立粉絲專頁」┐

也可以按此連結建立粉絲專頁

進入「建立粉絲專頁」畫面後，在此選擇「企業或品牌」的類別作為示範，
請按下「開始使用」顯示「企業或品牌」的畫面，輸入粉絲專頁的「名稱」以及
「類別」。對於類別部分，先輸入最能描述粉絲專頁的字詞，然後再從中選擇臉書
所建議的類別即可，按「繼續」鈕將進入大頭貼照和封面相片的設定畫面。

7-2-1 設定大頭貼照及封面相片

在大頭貼照和封面相片部分，請依指示分別按下「上傳大頭貼照」和「上傳
封面相片」鈕將檔案開啟，就可以看到建立完成的畫面效果。

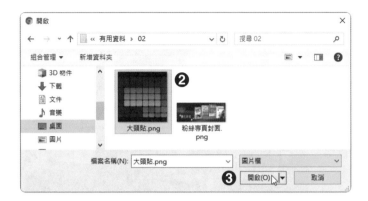

顯示新建立的粉絲專頁

下方有提供指導，教導新手如何經營粉絲專頁

7-2-2　建立用戶名稱與說明

對於行銷新手而言，臉書很貼心的提供各種輔導，用戶可以在封面相片下方
看到如下圖的畫面，只要依序將臉書所列的項目設定完成，就能讓粉絲頁快速成
型，增加曝光機會。可以完整地描述所提供的產品及服務，例如特色、宗旨、使
命或其他對粉絲來說重要的訊息。

按此加入 1-2
句來介紹粉絲
專頁

建立獨一無二
的用戶名，讓
其他人可以快
速前往瀏覽或
發送訊息

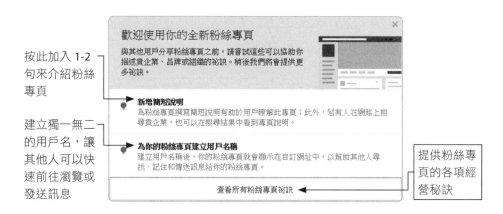

提供粉絲專
頁的各項經
營秘訣

由於粉絲專頁的用戶名稱，就是臉書專頁的短網址。好的命名，可以視為成功一半，取名稱時，直覺地去命名，以朗朗上口讓人可以記住且容易搜尋到為原則。一般在未設定之前，專頁的預設網址是在 facebook.com 之後加入粉絲專頁名稱和粉絲專頁編號而成，如下圖所示的「美心食堂」。

粉絲專頁編號
1636316333300467

粉絲專頁名稱 + 粉絲專頁編號

由於網址很長，又有一大串的數字，在推廣上比較不方便，而建立粉絲專頁的用戶名稱後，就可以用簡單又好記的文字呈現，以後可以用在宣傳與行銷上，幫助推廣你的專頁據點。如下所示，以「Maximfood」替代了「美心食堂 -1636316333300467」。

獨一無按的專
頁短網址

要設定用戶名稱，請在大頭貼下方點選標題，或是點選「為你的粉絲專頁建立用戶名稱」的標題，會進入如下的視窗：

打勾表示可以使用，若已有他人使用的名稱，會在下方以紅字提醒用戶重新選擇，用戶名稱必須包含 5 個以上的英數字元

　　這裡所建立用戶名稱會顯示在粉絲專頁的自訂網址上，請在 @ 之後輸入您所期望的用戶名稱，若名稱已有他人使用則必須重新設定，直到右側顯示綠色的勾勾為止，按下「建立用戶名稱」鈕即可建立獨一無二的用戶名稱。用戶名稱一旦建立成功，其他用戶會更容易搜尋到你的粉絲專頁，也可以前往 fb.me/DigitalNewknowledge 瀏覽你的粉絲專頁，或是透過 m.me/DigitalNewknowledge 給專頁發送訊息。

　　至於要讓其他人更了解粉絲專頁所提供的服務，或是讓網友進行搜尋時，可以看到你的粉絲專頁，就必須有簡短的文字說明。請在封面相片的下方按下「新增簡短說明」的標題，在如下的視窗中為你的粉絲頁做簡要說明，最好是「有梗」的內容：結合最夯時事火線話題，搭配公司產品服務，引發廣泛討論。

7-2-3 管理與切換粉絲專頁

有些品牌的管理者擁有一個或多個粉絲專頁，要想切換到其他的粉絲專頁進行管理，在個人臉書的首頁右側即可進行切換，如圖示：

按此鈕可切換專頁，或選擇「管理粉絲專頁」

由此進行切換，並連結至指定的粉絲專頁

在臉書右上角按下 ▼ 鈕，下拉選擇「管理粉絲專頁」指令會列出你所建立的粉絲專頁，如下圖所示。除了進行新增專頁外，也可以編輯粉絲專頁的詳細資料。

滑鼠移到右側，出現此鈕並點選「編輯詳細資料」，可設定粉絲頁的類別、電話、網站、電子郵件、地址等資訊

7-2-4　編輯粉絲專頁詳細資料

要讓粉絲們對於你的粉絲專頁有更深一層的認識，那麼有關於粉絲專頁的相關訊息就必須要公告出去，就像你在求職一樣，你的特點、專長、聯絡資訊、傳記、獎項等，符合的相關資訊最好都能填寫完整，才能讓其他人了解你，讓提供的資訊效益極大化。

要編寫粉絲專頁的資訊，在如上的視窗的右側按下 ⚙ 鈕，並點選「編輯詳細資料」指令，可進入如下視窗設定電話、網站、電子郵件、地址等聯絡資訊。

另外，在粉絲專頁的左下方按下「關於」鈕會切換到「關於」頁面，讓你編寫興趣、聯絡資訊等資料，還有品牌故事的介紹。

品牌故事的編寫區

按「關於」鈕將顯示如圖的畫面　　　　按「編輯」編寫粉絲專頁的各項資料

7-3 邀請朋友加入粉絲專頁

粉絲專頁如何吸引志同道合粉絲是最重要的第一步，如果沒有長期的維護經營，有可能會使粉絲們取消關注。因此必須定期的發文撰稿、上傳相片 / 影片做宣傳、注意粉絲留言並與粉絲互動，如此才能建立長久的客戶，加強企業品牌的形象。粉專行銷的目的，就是要吸引那些認同你、喜歡你、需要你的粉絲，接下來我們將針對三種基本技巧做說明。

7-3-1　邀請朋友按讚

　　要經營粉絲專頁，就跟開店一樣，要有好的商業模式，特別是剛開立粉絲專頁時，商家們都想讓粉絲團可以觸及更多的人，一定會先邀請自己的臉書好友幫你按讚，朋友除了可以和你的貼文互動外，也可以分享你所發布的內容，這樣可以幫助粉絲頁獲得較可靠的名聲，也可以增加影響力。想要邀請朋友對新設立的粉絲專頁按讚，可以在粉絲專頁左側先點選「社群」，接著粉絲頁右側可看到朋友的大頭貼，直接點選人名之後的「邀請」鈕就能將邀請送出。

❶ 點選「社群」

❷ 按「邀請」鈕邀請朋友來按讚

　　如右下圖所示，當你的朋友看到你所寄來的邀請，只要他一點選，就會自動前往到你的粉絲專頁，而按下「說這專頁讚」的藍色按鈕，就能變成你的粉絲了。

🛜 朋友接收到你的邀請

🛜 自動前往到粉絲專頁進行瀏覽或按讚

7-3-2 使用 Mesenger 聯絡人宣傳

Messenger 是目前大家常用的通訊軟體，在觀看臉書的同時就可以知道哪些朋友已上線，即使沒有在線上，想要聯絡也只要由視窗左上角按下「Messenger」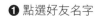，找到朋友的名字，就可以在下方將你想要傳達的內容和訊息傳送給對方，而對方只要點選圖示就能自動來到你的粉絲專頁了。

❶ 點選好友名字

❷ 輸入粉絲專頁的訊息　　　　❸ 按「傳送」鈕傳送訊息

請好朋友主動推薦你的粉絲專頁，他們將變成你最佳的宣傳員，因為每個好朋友都有自己的朋友圈，即使他們不認識你也不會對你產生懷疑和防範，請朋友推薦則粉絲專頁的訊息擴散就會更快速。

7-3-3 動態時報分享粉絲專頁

經營粉專，就是為了從茫茫人海中找出那些真正喜歡你粉絲專頁的人，你也可以透過動態時報的方式來和朋友分享粉絲專頁，讓親朋好友都知道你有粉絲專頁。請在粉絲專頁封面相片下方按下「分享」鈕，在如下視窗中輸入您要發布的消息，就能將粉絲專頁分享給朋友了。

❷ 由此書寫內容

❶ 按下「分享」鈕　　　　　　　　　　❸ 按「發布」鈕發布消息

　　基本上，透過以上的三種方式，各位就可以將粉絲專頁的訊息傳播出去，但是粉絲專頁建立後，如果沒有長期的維護經營，有可能會使粉絲們取消關注。因此必須定期的發文撰稿、上傳相片／影片做宣傳、注意粉絲留言並與粉絲互動，如此才能建立長久的客戶，加強公司品牌的形象。

👍 TIPS

除了以上三種方法可以邀請朋友來粉絲裝頁按讚外，各位不妨以電子郵件或電子報邀請聯絡人或會員加入，還能在宣傳海報、名片、網站、貼文、數位牆、菜單，或在網站、內設置粉絲團『讚』的按鈕，邀請客戶掃描 QR Code 加入你的粉絲團等。

7-4 在粉絲專頁貼文

　　臉書的粉絲專頁為開放的空間，任何能看到粉絲專頁的人，就能看到你的貼文與留言，而且發布者所發布的訊息，相關動態也會發布到動態消息和臉書的其他地方，因此所發布貼文和相片都要是真實不虛的內容才行。粉絲專頁上最能引

人注目的優質貼文，應該是利用越少的字數，越能抓住用戶的目光和增加他們的求知慾，因為貼文不只是行銷工具，也能作為與消費者溝通或建立關係的橋樑。

例如各位可以嘗試一些具有「邀請意味」的貼文，友善的向粉絲表示「和我們聊聊天吧！」，比起一味的推銷品牌，社群行銷更凸顯了創意的重要。店家必須慎重挑選清晰更有梗的行銷題材，這樣粉絲會比較傾向和他們「有互動和交談」的商家購買產品及服務。

粉絲願意按讚一定是因為你的內容有趣，必須保證你發的貼文具有吸引粉絲的亮點才行。如果要推廣商品或理念，盡可能要聚焦，一次只強調一項重點，這樣才能讓觀看的網友有深刻的印象。相關資訊必須完備，例如：事件、時間、地點、如何聯繫、聯絡人等，這樣才是有效的粉絲貼文。此外，發布貼文的目的是盡可能讓越多人看到，因此互動也會更為頻繁，除了直接輸入想要行銷的文字內容外，也可以上傳相片或影片。

7-4-1　發布文字貼文

要進行文字訊息的行銷，由粉絲頁頂端的區塊直接輸入文字內容即可，選定想要套用的背景圖樣，按下「立即分享」鈕就能擴散你的行銷內容或理念。

❶ 按此區塊

❷ 輸入文字內容

❸ 按此列可選擇背景圖案

❹ 按此鈕立即分享

　　對於目前粉絲專頁正在推廣的重點貼文，或是期望所有粉絲都要知道的重大訊息，可以考慮使用「置頂」的功能來強制貼文置於頂端，讓所有進入粉絲專頁的所有粉絲都能看得到。

　　設定方式很簡單，請在該貼文的右上角按下 ••• 鈕，下拉選擇「置頂於粉絲專頁」指令就能完成。置頂的貼文會在右上角顯示 📌 的圖示，當時效已過，若要取消置頂的設定，也只要從下拉選單中點選「從粉絲專頁頂端取消置頂」指令即可。

7-4-2　分享相片／影片

　　臉書貼文不限於單調的文字，如果有美觀吸睛的圖片相輔相成再加以說明，取信網友的機會就比文字來得強而有力。從傳統「電視媒體」到現在「人手一機」，社群行銷不是傳統的電視廣告，出現的速度很快，因為你的貼文只有 0.25 秒的機會必須吸引住粉絲的目光，也意味著文字就此淪為配角，圖片與影音將會成為主角，影片特別是吸睛的焦點，因為對於粉絲會帶來某種程度的親切感，也能創造與消費者建立更良好關係的機會。以行種裝置來說，影片的寬高比例最常使用 9:16、4:5、2:3 的直式或 16:9、5:4、3:2 的橫式畫面，若是輪番廣告則建議使用正方形 1:1 的比例。而影片的長度盡量在 15 秒以內，且吸睛的部分最好放在最前面，以便抓住觀看者的目光。

　　如果要分享相片／影片時，請由粉絲頁頂端的區塊按下「相片／影片」鈕，接著點選「上傳相片／影片」的選項。

點選要插入的圖片或影片檔,就可以將相片/影片加入至貼文中

7-4-3 發布相簿貼文

根據調查,相片比文字的觸及率高出 135%,經營粉絲頁的人會發現,相片被點閱或分享的機會絕對比單純文字來得高。在進行相片/影片的分享時,也可以同時將電腦上的多張相片上傳發布成相簿貼文。如下所示,點選「建立相簿」。

❶ 點選「建立相簿」　　　　　　　　　❷ 選取要上傳的多張相片

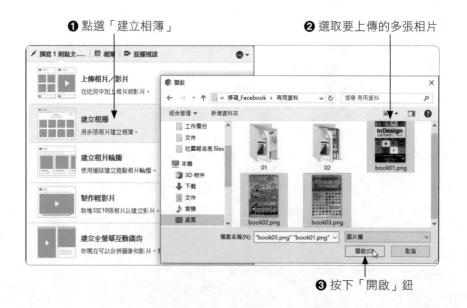

❸ 按下「開啟」鈕

❹ 輸入相簿名稱、內容、地點

❺ 可加入相片的說明　　　　　　　　　　❻ 按此鈕進行發布

　　以「建立相簿」的方式發布貼文後，除了在粉絲頁的「相簿」中可看到剛建立的相片外，貼文上也可以看到相簿中的相片。

📶 新增的相簿　　　　　　　　　　　📶 顯示的貼文效果

7-4-4　為發布的相片加入貼圖

　　對於所發布的相片，臉書也可以讓用戶直接在相片上標註商品、加入文字、加入貼圖、或是進行剪裁的動作。各位在按下「相片 / 影片」鈕插入相片後，將滑鼠移進相片縮圖就會看到「編輯相片」和「標註商品」的圓形圖示。

❷ 滑鼠移入相片縮圖就會看到「編輯相片」
和「標註商品」兩個圓形圖示

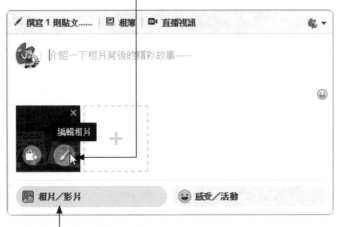

❶ 按此鈕加入如圖的相片

當點選「編輯相片」會進入如下視窗進行濾鏡、剪裁、新增文字、替代文字、貼圖等動作。如下所示是在相片中加入臉型的貼圖,各位可以調整貼圖的比例大小、位置、和旋轉角度。

❷ 按此鈕顯示貼圖,並點選想要使用的圖案

❶ 點選「貼圖」　　　　　　　　　　❸ 加入後可以按此鈕縮放貼圖大小

　　若要加入文字則請點選「文字」，按下「+」鈕新增文字，一樣可以縮放文字大小或旋轉角度。

❷ 按此鈕新增文字框　　❹ 由此變更文字顏色

❶ 點選「文字」　　❸ 輸入文字後，由此可縮放大小和角度　　❺ 按此儲存畫面

　　設定之後按下「儲存」鈕將儲存相片，如下圖所示便是在相片中放入貼圖的貼文。

7-4-5　製作與發布輕影片

製作輕影片是指將 7-10 張的相片組合成影片檔，使用者可以設定影片的長寬比例、每張圖像顯示的時間以及切換的效果，還可以加入背景音樂，這項功能對於不會視訊剪輯的人來說非常便利。

請由粉絲頁頂端的區塊按下「相片 / 影片」鈕，接著點選「製作輕影片」的選項後會看到如下的「設定」與「音樂」標籤。在「設定」標籤裡請按下「新增相片」鈕新增相片，所新增的相片可以是上傳的相片或是粉絲頁中的相片，也可以立即使用手機拍照。相片選取後回到「設定」標籤，相片會變成影片的形式，此時再進行顯示時間和切換效果的設定，可觀看時影片的播放速度與效果。

切換到「音樂」標籤可以選用臉書所提供的背景音樂，你也可以自行上傳聲音檔，確認之後在下方按下「製作輕影片」鈕，最後輸入輕影片的標題與說明文字，即可按下「立即分享」鈕分享出去。

在「音樂」標籤中可選用背景音樂

確認後按此完成輕影片的製作

　　粉絲頁中所製作影片檔，都會存放在「影片庫」中，請切換到「發布工具」，再由左側點選「影片庫」就可以看到所有已發布的影片。

　　此外，粉絲專頁的封面相片現在也可以顯示為動態的影片，不過有一些限制如下，影片長度必須介於 20-90 秒之間，並且至少要 820 x 312 像素，而臉書建議的大小則為 820 x 462 像素。比它大的尺寸可以被接受，屆時再以滑鼠拖曳的方式來調整位置。

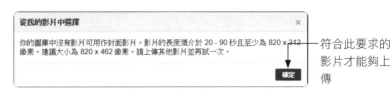

符合此要求的
影片才能夠上
傳

要將臉書的封面變更成影片形式，請由封面相片的左上角按下「更換封面相片」鈕，先執行「移除」指令刪掉原有的封面，再下拉選擇「上傳相片 / 影片」指令才可順利上傳影片檔。

選定檔案並順利上傳影片後，直接以滑鼠左右拖曳即可調整影片顯示的位置，確立位置後，請按下「繼續」鈕繼續進行設定。

接下來是設定影片縮圖，各位可以在左右兩側按下白色的箭頭鈕來調整影片的縮圖，按下「發布」鈕，封面影片將自動循環播放。所設定的封面影片如果之前尚未發布過，那麼這段影片也會公開發布供其他用戶觀看。

7-4-6　編修貼文與設定貼文排程

好不容易編寫完成的貼文，在發布出去才發現有錯別字需要修正，這時只要從貼文右上角按下 ••• 鈕，再選擇「編輯貼文」指令即可進行修改，編修完成後按下「完成編輯」鈕就可以完成，即使貼文已有他人分享，分享的貼文也會一併修正！對於已發布出去的貼文，如果想要刪除，一樣按下貼文右上角 ••• 鈕，再選擇「從粉絲專頁刪除」指令即可。

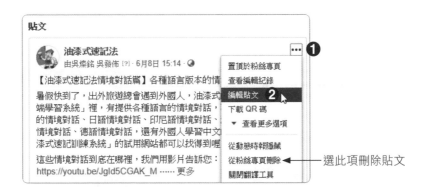

在編寫貼文時，如果希望貼文在指定的時間才進行公告，那麼可以使用「排程」的功能來指定貼文發布的日期。請在完成貼文的編寫或相片插入後，按下

「發布」鈕旁的三角形鈕，可以看到「排程」的指令，選定要發布的日期後按下「排程」鈕完成設定。

設定之後，各位會在動態消息下方看到一則已排程的貼文，按「查看內容」可看到貼文的詳細內容。

在排定的時間之前，粉絲專頁不會顯示該貼文，如果排程之後需要重新設定排程、取消排程，或是想要刪除，都可在「發布工具」的「排定貼文」下進行操作，如下圖所示：

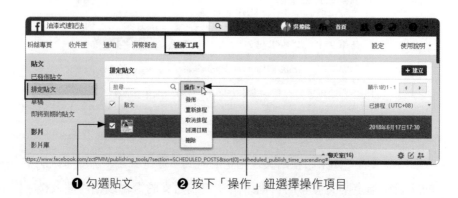

❶ 勾選貼文　　❷ 按下「操作」鈕選擇操作項目

👥 7-5 一次搞懂粉絲專頁管理者介面

　　隨著你的粉絲專業成立，掌握粉絲專業經營技巧變得十分重要，各位如果期望透過粉專行銷獲益，那麼首先就該懂得如何包裝你的商品與服務，粉絲絕對不是為了買東西而使用臉書，也不是為了撿便宜而對某一粉絲團按讚。粉絲專頁的經營不只是技術，更是一門藝術，特別是內容絕對是吸引人潮與否最重要的因素之一，包括邀請其他網友來按讚、留言、貼文，然後進行抽獎活動，特別是回答粉絲的留言要用心，都可以有效讓粉絲專頁被大量分享或宣傳。

用心回覆訪客貼文是提升商品信賴感的方式之一

🛜 桂格燕麥粉絲專頁經營就相當成功

　　大家都知道要建立臉書粉絲專頁門檻很低，但要能成功經營卻很困難，當粉絲專頁的管理者切換到粉絲專頁時，除了可以在「粉絲專頁」的標籤上看到每一筆的貼文資料，還會在頂端看到「收件匣」、「通知」、「洞察報告」、「發布工具」、「設定」等標籤，這是粉絲專頁的管理介面，方便管理員進行專頁的管理，這一小節我們先針對這幾個標籤頁做介紹。

7-5-1 粉絲專頁的首頁

粉絲專頁的首頁，可瀏覽貼文、留言、或進行貼文的發布，另外從左側的頁籤可以進行活動的建立、查看粉絲的評比、編輯「關於」的相關資訊、或做粉絲頁的推廣。

由此處進行活動的建立、查看評　　　粉絲專頁的管理者介面
比、編輯聯絡資訊或進行推廣

7-5-2 收件匣

當粉絲們透過聯絡資訊發送訊息給管理者，管理者會在粉絲頁的右上角 ▇ 圖示上看到紅色的數字編號，並在「收件匣」中看到粉絲的留言，利用 Mesenger 就能夠針對粉絲的個人問題直接進行回答。另外管理者可以針對個別的粉絲進行標示或封鎖，也可以新增標籤以利追蹤或尋找對話。

由此針對粉絲進行個別的操作設定

如果是由多人一起管理的粉絲專頁，則可針對粉絲的問題進行指派的動作。
如下所示：

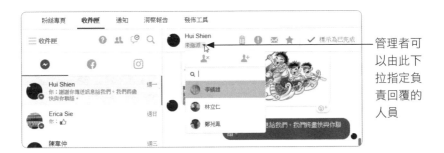

管理者可
以由此下
拉指定負
責回覆的
人員

7-5-3　通知功能

粉絲專頁提供各項的通知功能，包括粉絲的留言、按讚的貼文、分享的項
目，以及提示管理者該做的動作。有任何新的通知，管理者都可以在個人臉書或
粉絲專頁的右上角 🌐 圖示上看到數字，就知道目前有多少的新通知訊息。查看這
些通知可以讓管理者更了解粉絲專頁經營的狀況以及可以執行的工作。

切換到「通知」標籤
可看到所有的通知

下拉點選通知項，可
查看最新的通知內容

由此分別查看讚、留言、分享的情況

在「通知」標籤中除了了解各項通知外，從左側還可以邀請朋友來粉絲專頁按讚，對於哪些朋友未邀請，哪些朋友已邀請並按讚，或是邀請已送出未回覆的，都可一目了然。

❶ 切換到「通知」標籤

❷ 點選「邀請朋友」　　　　　　　　❸ 顯示朋友邀請與回覆情形

7-5-4　貼心的洞察報告

粉絲專頁也內建了強大的行銷分析工具，例如在「洞察報告」方面，「洞察報告」標籤會摘要過去七天內的粉絲專頁報告，包括：發生在粉絲專頁的集客力動作、粉絲專頁瀏覽次數、預覽情況、按讚情況、觸及人數、貼文互動次數、影片觀看總次數、粉絲頁追蹤者、訂單等。除了總攬成效外，從左側也可以個別查看細項的報告。

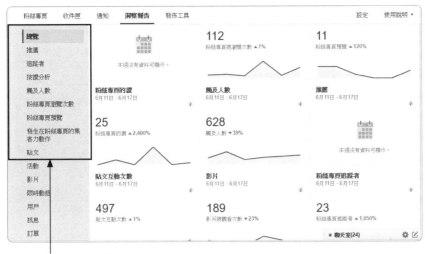

由此切換查看細項的資訊

　　對於已發布的貼文，其發布的時間、貼文標題、類型、觸及人數、互動情況等，也可以在洞察報告中看得一清二楚，而點選貼文標題，也可看到貼文的詳細資料和貼文成效。

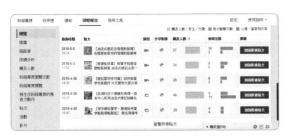

🛜 顯示已發布的所有貼文

🛜 點選標題可查看貼文成效

　　發布的視訊影片通常是吸引粉絲目光的重點，想看看所有發布影片的成效，也只要切換到「影片」類別即可查看細節。

7-5-5 發佈工具

在「發佈工具」標籤中，對於已發布的貼文，能看到各貼文的觸及人數、及實際點擊的人數，另外，發布的影片實際被觀看次數也是一目了然，對於粉絲有興趣的內容不妨投入一些廣告預算，讓其行銷範圍更擴大。

從每篇貼文的觸及人數，可以察覺粉絲們關注的焦點

點選標題也可察看貼文

另外有排定的貼文、編寫中的草稿、或是即將到期的貼文，也都可以在「發布工具」的標籤中看到。

7-5-6　設定功能

臉書的粉絲專頁所提供的「設定」功能相當多，在粉絲頁的右上方切換到「設定」標籤，就可以進行一般、訊息、通知、編輯粉絲專頁等各種設定。各位可以概略的檢視一下「設定」所包含的項目，比較特別的功能我們會在「管理粉絲頁」和「本章密技」中進一步說明。

⋯⋯⋰ 一般

在粉絲專頁按下右上方的「設定」標籤，會先看到「一般」的設定選項，這個頁面主要用來檢視或編輯粉絲專頁的各項設定，管理者只要針對各項標題，按下後方的「編輯」鈕就能做進一步的設定。

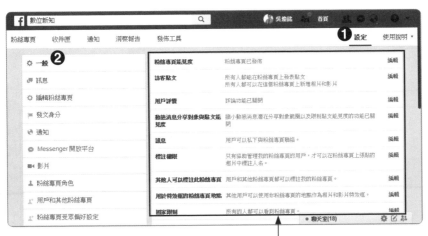

點選「編輯」鈕進一步設定

···▷ **訊息設定**

主要設定用戶如何傳送訊息給粉絲專頁，其設定的區塊內容包括一般性的使用 Return 鍵傳送訊息，以及回覆小幫手的設定。

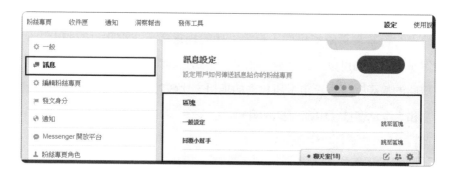

···▷ **通知**

當粉絲專頁有任何動態或更新消息時，可以讓臉書通知你。通知的設定可包括：貼文留言、活動的新訂戶、專頁的新粉絲、貼文新收的讚等，或是有人傳送訊息給粉絲專頁、開啟簡訊功能、電子郵件通知，都可以在「通知」的類別中進行設定。

7-5-7 開啟訊息功能與建立問候語

粉絲專頁的「訊息」功能用來設定用戶如何傳送訊息給粉絲專頁，也可以設定用戶是否可以私下與粉絲專頁聯絡。由粉絲頁的右上方按下「設定」標籤，切換到「一般」類別，在由「訊息」後方按下「編輯」鈕進行設定。

勾選如下的選項，就能允許用戶私下與我的粉絲頁聯絡，否則會將「發送訊息」鈕從粉絲專頁中移除。

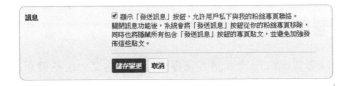

在「訊息」的類別中，有提供如下幾個項目功能的設定，其預設值都是呈現「off」的關閉狀態，點選一下按鈕就能呈現「啟用」狀態：

- **一般設定**：能讓管理者在寫完訊息後，直接按「Enter」或「Return」傳送訊息。

- **回覆小幫手**：啟用該功能，能向傳送訊息給你的人傳送即時回覆，而按下「變更」鈕可客製化內容。

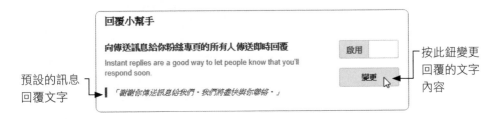

預設的訊息回覆文字

按此鈕變更回覆的文字內容

■ **無法使用電腦或手機時也能提供回應**：針對非營業時間，讓客戶知道你會很快回覆訊息，並繼續保持回覆率。

■ **顯示 Messenger 問候語**：針對第一次在 Messenger 上與你對話的用戶所做的問候語。

7-5-8　查看所有粉絲的公開貼文

當你的粉絲專頁允許粉絲或訪客在專頁上發布貼文，這些發布的內容在預設狀態下不會影響到粉絲頁的正文顯示，因為臉書會把訪客的公開貼文全部集中到「社群」之中，所以若要查看所有粉絲的公開貼文，可以從粉絲頁的左下方點選「社群」頁籤，就可看到所有的公開貼文。

訪客的公開貼文顯示在此區

若是在「貼文」頁籤裡，則可清楚看到訪客貼文集中在左側，點選右上角的「選項」••• 鈕也能進行隱藏、刪除、封鎖等動作。

7-5-9　舉辦粉絲專頁活動

在臉書裡，除了在粉絲專頁發布商品的各種訊息和相關知識外，也可以透過活動的舉辦來推廣商品。經營者可以針對粉絲專頁的特性來設計不同的活動，或是藉由活動的舉辦來活絡粉絲專頁與粉絲之間的互動，讓彼此的關係更親密更信賴。在粉絲頁上建立活動，也是促進消費行為的關鍵要素，通常需要設定活動名稱、活動地點、舉辦的時間以及活動相片，這樣就可讓粉絲們知道活動內容。

例如在「推廣活動」方面，對於設定長期推廣活動、吸引更多網站訪客、推廣粉絲專頁、加強推廣貼文、吸引更多用戶傳送訊息、取得更多顧客聯絡資料等資訊，都是粉絲專頁管理者作為產品改進或宣傳方向調整的依據，從這些推廣活動中可以強化粉絲專頁的行銷能力。要針對粉絲專頁來舉辦活動，請由貼文區塊下方點選「舉辦活動」 ，即可建立新活動。

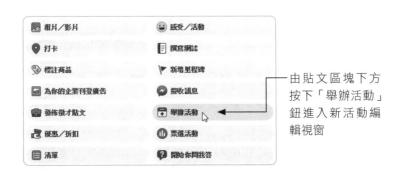

由貼文區塊下方按下「舉辦活動」鈕進入新活動編輯視窗

進入新活動的編輯視窗後，先按下「更換相片或影片」鈕上傳活動相片或影片，輸入活動名稱、地點、舉辦的頻率和開始時間，就可以進行發布，如果有更詳細的活動類型、活動說明、關鍵字介紹，或是需要購置門票等，都可在此視窗中進一步說明。

發布活動訊息後，接著可以在 FB 上邀請好友們來參與，並透過 FB 宣傳活動訊息，管理者也可以透過調查統計的功能，讓好友們回覆參與活動的意願。另外，也可以將活動訊息分享到動態消息或 Messenger 上，讓更多人知道。

按「編輯」鈕可再度編輯活動內容　　按此鈕有更多設定選項

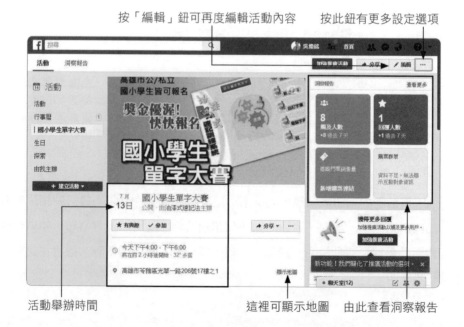

活動舉辦時間　　　　　　　這裡可顯示地圖　由此查看洞察報告

在活動內容的下方，各位可以邀請朋友一起來參加，或是由「分享」鈕選擇分享到 Messenger、或以貼文方式分享。如果要加強推廣活動觸及更多的用戶，那就得支付廣告的費用。

由此進行分享　　　　　　　　　　按此鈕進行加強推廣

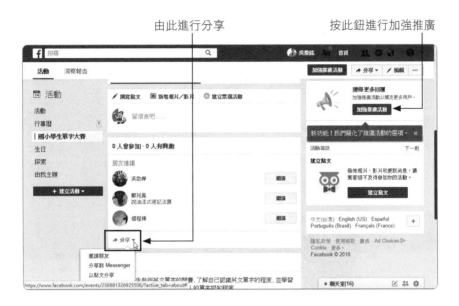

由於在粉絲專頁上建立優惠、折扣，或是限定時間的促銷活動，可讓客戶感受賺到和撿便宜的感覺，進而刺激他們的購買欲望。所建立的優惠折扣，可以設定用戶在實體商店或是在網路商店中進行兌換。由貼文區塊下方點選「優惠 / 折扣」 的選項，將會看到如下的視窗，請設定標題名稱、到期日、以及插入要做優惠或促銷的廣告圖片，按下「發布」鈕即可。

　　如果想進一步推廣活動或是鎖定特定族群宣傳，可按下「加強推廣貼文」鈕或是透過廣告管理員建立優惠，這樣就可以選擇客戶群、版位、預算或廣告時間。特別注意的是，一旦建立優惠就無法再次編輯或刪除，所以發布之前要仔細確認所有的產品資訊是否有誤。

本章 Q&A 練習

1. 粉絲專頁和個人臉書有何不同？

2. 粉絲專頁的類別包含了哪兩種？

3. 請問粉絲專頁放封面照的原則為何？

4. 請簡述主題標籤（Hashtag）的功用。

5. 如何更新粉絲專頁相片或大頭貼照？

6. 請舉出三種邀請朋友加入粉絲專頁的方式。

7. 請問如何設定貼文在指定的時間才進行公告？

8. 請問「洞察報告」能看到哪些內容？

MEMO

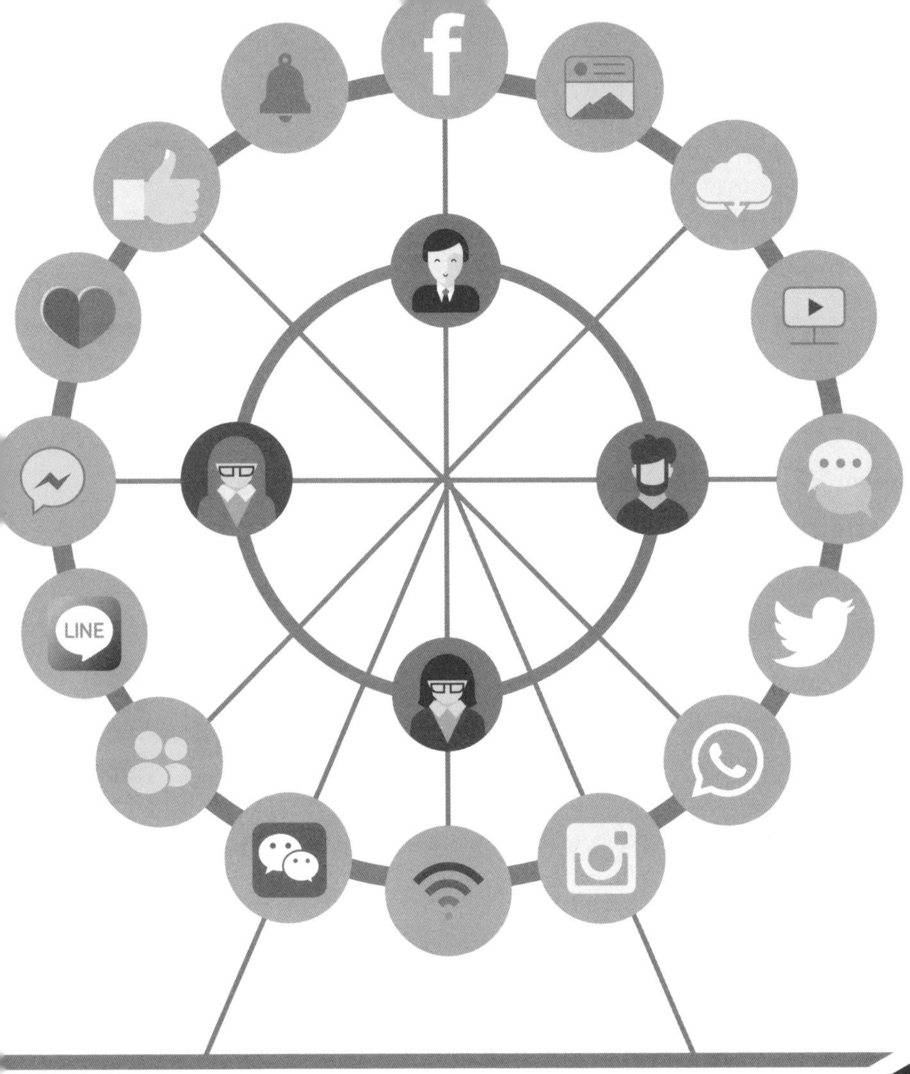

Lesson

08

Instagram 入門
視覺化行銷實戰初體驗

- 初試 IG 的異想世界
- 點石成金的個人檔案建立要領
- 探索用戶功能
- 一看就懂的 IG 介面操作功能
- 掌握 IG 搜尋的小巧思

公車上、人行道、辦公室，處處可見埋頭滑手機的低頭族，隨著愈來愈多網路社群提供行動版的行動社群，透過手機使用社群的人口正在快速成長，Instagram 是一款依靠行動裝置興起的免費社群軟體，許多年輕人幾乎每天一睜開眼就先上 Instagram，關注朋友們的最新動態，用戶將智慧型手機所拍攝下的相片，透過濾鏡效果處理後變成美觀吸睛的藝術相片，不但可以加入心情文字，也能隨意塗鴉讓相片更有趣生動，然後連結分享到 Facebook、Twitter、Tumblr 等社群網站。

🔊 Espirit 透過 IG 發布時尚短片，引起廣大迴響

8-1 初試 IG 的異想世界

Instagram 是一款免費提供線上圖片及視訊分享的社交應用軟體，短短幾年卻吸引廣大用戶，現在無論是政府或品牌，都紛紛尋找一個能接觸年輕族群的管道，而聚集了許多年輕族群的 Instagram 當然成為各家首選。對於行銷人員而言，需要關心 Instagram 的原因是能接觸到潛在受眾，尤其是 15-30 歲的受眾群體。根據天下雜誌調查，Instagram 在臺灣 24 歲以下的年輕用戶占 46.1%。

🔊 星巴克經常在 Instagram 上推出促銷活動

如果懂得利用 IG 的龐大社群網路系統，希望藉由社群的人氣，增加粉絲們對於企業品牌的印象，以利於聚集目標客群並帶動業績成長，當然是要以手機為主，這樣進行美拍、瀏覽、互動或行銷就有很大的便利性。Instagram 主要在 iOS 與 Android 兩大作業系統上使用，也可以在電腦上登錄，用以查看或編輯個人相簿。官網如下：https://www.instagram.com/

如果還未使用過 Instagram，那麼這裡告訴大家如何從手機下載 Instagram App，同時學會 Instagram 帳戶的申請和登入。

LG 使用 Instagram 行銷帶動新手機上市熱潮

8-1-1　從手機安裝 Instagram App

假如各位是 iPhone 使用者，請至 App Store 搜尋「Instagram」關鍵字，若是使用 Android 手機，請於「Play 商店」搜尋「Instagram」，找到該程式後按下「安裝」鈕即可進行安裝。安裝完成後，桌面上就會看到  圖示鈕，點選該圖示鈕就可進行註冊或登入的動作。

按此鈕安裝 Instagram App

安裝完成，手機桌面顯示 IG 圖示

8-1-2　登入 IG 帳號

　　首次使用 Instagram 社群的人可以使用臉書帳號來申請，或是使用手機、電子郵件進行註冊。由於 Instagram 已被 Facebook 收購，如果你是臉書用戶，只要在臉書已登入的狀態下申請 Instagram 帳戶，就可以快速以臉書帳戶登入。如果沒有臉書帳號，就請以手機電話號碼或電子郵件來進行註冊。選擇以電話號碼申請時，手機號碼會自動顯示在畫面上，按「下一步」鈕 Instagram 會發簡訊，收到認證碼後將認證碼輸入即可。如果是以電子郵件進行申請，則請輸入全名和密碼來進行註冊。

也可以選用手機電話號碼或電子郵件進行註冊

Instagram 可以直接使用臉書帳號進行申請和登入

選擇之後按「下一步」鈕繼續進行設定

　　Instagram 比較特別的地方是除了真實姓名外還有一個「用戶名稱」，當你分享相片或是到處按讚時，就會以「用戶名稱」顯示，用戶名稱也能隨時更改，因

為 IG 帳號是跟註冊的信箱綁在一起，所以申請註冊時會收到一封確認信函確認電子郵件地址。

　　註冊的過程中，Instagram 會貼心地讓申請者進行「Facebook」的朋友或手機「聯絡人」的追蹤設定，如左下圖所示，要追蹤「Facebook」的朋友，請在朋友大頭貼後方按下藍色的「追蹤」鈕，使之變成白色的「追蹤中」鈕，如此便完成追蹤設定。同樣的，邀請 Facebook 朋友也只需按下藍色的「邀請」鈕，或是按「下一步」鈕先行略過，之後再從「設定」功能中進行用戶追蹤即可。

按下藍色按鈕就可以對臉書朋
友進行「追蹤」或「邀請」

　　完成上述的步驟後就成功加入 Instagram 社群，無論選擇哪種註冊方式，都已朝向 Instagram 行銷的道路邁進。下次只要在手機桌面上按下 ◎ 鈕就可直接進入 Instagram，不需再輸入帳號或密碼等的動作。

8-2 點石成金的個人檔案建立要領

經營個人的 IG 帳戶時，你可以分享個人日常生活中的大小事情，偶爾也可以作為商品的宣傳。例如手工餅乾店的老闆，就可以分享日常生活裡製作手工餅乾的技巧與心得，也可以介紹新研發的口味與特色，或是為何想研發這類型的餅乾。這樣的手法讓顧客閱讀起來較沒有壓力，也不會覺得是在販售商品，但是卻能達到行銷宣傳的效果。

想要一開始就給粉絲與好友一個好的印象，完善的個人檔案不可或缺，大頭貼和個人簡介也都是其他用戶認識你的第一步。

個人簡介的內容隨時可以變更修改，也能與你的其他網站商城社群平台做串接。要進行個人檔案的編輯，可在「個人」頁面上方點選「編輯個人檔案」鈕，即可進入如下畫面，其中的「網站」欄位可輸入網址資料，如果你有網路商店，此欄務必填寫，因為它可以幫你把追蹤者帶到店裡進行購物。下方還有「個人簡介」，也盡量將主要銷售的商品或特點寫入，或是將其他可連結的社群或聯絡資訊加入，方便他人可以聯繫到你。

其他用戶所看到的資訊呈現效果

商家務必重視個人檔案的編寫，不管是用戶名稱、網站、個人簡介，都要從一開始就留給顧客一個好的印象

　　千萬不要將「個人簡介」的欄位留下空白，完整資訊將為品牌留下好的第一印象，如果能清楚提供訊息，你的頁面將看起來更專業與權威，隨時檢閱個人簡介，試著用 30 字以內的文字敘述自己的品牌或產品內容，讓其他用戶可以看到你的最新資訊。

8-2-1　大頭貼的作用

　　當各位有機會被其他 IG 用戶搜尋到，那麼第一眼被吸引的絕對會是個人頁面上的大頭貼照，其重要性不言可喻。圓形的大頭貼照可以是個人相片，或是足以代表用戶特色的圖像，以 便從一開始就緊抓粉絲的視覺動線。另外，也可以考慮以企業標誌（LOGO）來呈現，運用創意且吸睛的配色，讓你的品牌能夠被一眼被認出，並對品牌 / 形象產生聯結。

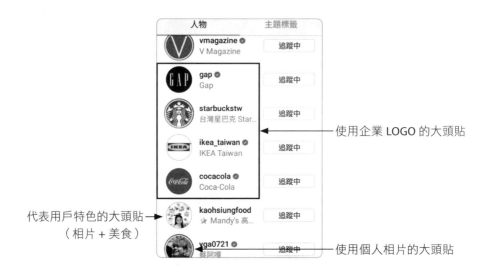

使用企業 LOGO 的大頭貼

代表用戶特色的大頭貼 →
（相片＋美食）

使用個人相片的大頭貼

　　各位想要更換相片時，請在「編輯個人檔案」的頁面中按下圓形的大頭貼照，就會看到如下的選單，選擇「從 Facebook 匯入」或「從 Twitter 匯入」指令，只要在已授權的情況下，就會直接將該社群的大頭貼匯入更新。若要使用新的大頭貼照，就選擇「新的大頭貼照」來進行拍照或選取相片，加上運用創意且吸睛的配色，讓你的品牌被一眼認出，這也是讓整體視覺可以提升的絕佳方式。

8-2-2　帳號公開 / 不公開

　　在預設的狀態下，Instagram 會自動將你的帳號設為公開，所以商家可以透過 Instagram 推廣自家商品，像是在貼文中加入「＃標籤」設定，能讓更多人藉由搜尋方式看到你的貼文。如果你只希望好友看到你的貼文，也可以將帳號設為

不公開，如此只有你核准的人才可以看到你的相片和影片，但是粉絲並不會受影響。

此帳號為私人帳號
追蹤這個帳號即可查看他的相片和影片。

設定為「不公開帳號」，那麼該用戶的下方就會顯示如圖的標示，除非追蹤該帳戶才可看到他的貼文

請切換到個人頁面 👤，按下右上角的「選項」☰ 鈕，接著點選「設定」鈕，就會在「設定」頁面中看到「不公開帳號」呈現灰色。若按下灰色按鈕使之變藍色，就會將帳號設為「不公開」。

8-2-3　帳戶命名的贏家思惟

IG 所使用的帳戶名稱，命名時最好要能夠讓其他人用直覺就能夠搜尋，名稱與簡介也最好能夠讓人一眼就看出來。所以當使用 Instagram 的目的在行銷自家

的商品，建議帳號名稱取一個與商品相關的名稱，並添加「商店」或「Shop」等
關鍵字，這樣被搜尋時就容易被其他用戶搜尋到。

　　如左下圖所示的個人部落格，該用戶是以分享「高雄」美食為主，所以用戶
名稱直接以「Kaohsiungfood」作為命名，自然而然的該用戶就增加被搜尋到機
會。或是如右下圖所示，搜尋關鍵字「shop」，也很容易地就看到到該用戶的資
料了。

取一個與行銷有關連的好名稱！

　　千萬別以為設定用戶名稱無關緊要，用心選擇一個與商品類別貼切的好名
稱，簡直就是成功一半，直覺地去命名，以朗朗上口讓人好記且容易搜尋為原
則，以後可以用在宣傳與行銷上，有助於商品的推廣。

8-2-4 　新增商業帳號

　　在 Instagram 的帳號通常是屬於個人帳號，如果想利用帳號來做商品的行
銷宣傳，也可以考慮選擇商業模式的帳號。如果使用的是商業帳號，自然是以
經營專屬的品牌為主，主打商品的特色與優點，目的在於宣傳商品，所以一般

用戶不會特別按讚，追蹤者相對較少。也可以將個人與商業兩個帳號並用，因為 Instagram 允許一個人能同時擁有 5 個帳號。早期使用不同帳號時必須先登出後，才能以另一個帳號登入，現在則可以直接由左上角處進行帳號的切換，相當方便。

如果想要同時在手機上經營兩個以上的 IG 帳號，那麼可以在「個人」頁面中新增帳號。請在「設定」頁面最下方選擇「新增帳號」指令，即可進行新增。新帳號若是還沒註冊，請先註冊新的帳號！如下圖所示：

擁有兩個以上的帳號後，若要切換到其他帳號時，可以從「設定」頁面下方選擇「登出」指令，登出後會看到左下圖，請點選「切換帳號」鈕，接著顯示右下圖時，只要輸入帳號的第一個字母，就會列出帳號清單，直接點選帳號名稱就可進行切換。

❶ 按此切換帳號

❷ 出現帳號清單時，直接點選
　要登入的帳號即可

　　此外，當手機已同時登入兩個以上的帳號後，你就可以從「個人」頁面的左
上角快速進行帳號的切換！

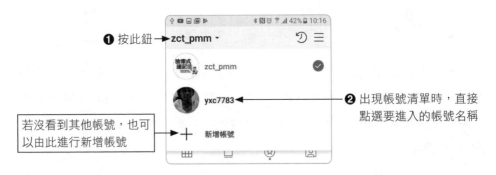

❶ 按此鈕

❷ 出現帳號清單時，直接
　點選要進入的帳號名稱

若沒看到其他帳號，也可
以由此進行新增帳號

8-3 探索用戶功能

Instagram 不只是能分享照片的社群平台，也是所有社群中和追蹤者互動率最高的平台。IG 操作簡單，而且具備即時性、高隱私性與互動交流便利性，在 Instagram 裡，透過追蹤好友可以了解朋友的動態，追蹤熱門人物或時尚品牌才能知道大多數人喜好。若想有效增加個人粉絲追蹤人數，帳號最好呈現同一類型的內容，讓使用者能明確知道這個帳號的內容主題，品牌也能藉由這些資訊成功行銷。

8-3-1 探索人物

如果你是第一次使用 Instagram 社群，「首頁」 🏠 的畫面按下頁面中的「尋找要追蹤的朋友」鈕，即可找尋有興趣的對象來進行追蹤，如左下圖所示。而任何時候你都可在右下方按下 👤 鈕切換到「個人」頁面，接著按下右上方的 ≡ 鈕選擇「探索用戶」，即可針對朋友或熱門人物進行探索。

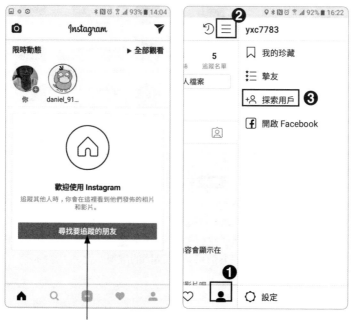

新用戶按此鈕尋找追蹤對象

探索人物的頁面，包括三個標籤，一個是 IG 所推薦的熱門追蹤名單，其次是你 Facebook 上的朋友，再來是手機上的聯絡人。通常按下 追蹤 鈕就會變成 追蹤中 的狀態。

8-3-2 推薦追蹤名單

曝光率就是行銷的關鍵，且和追蹤人數息息相關，例如女性用戶大部分追求時尚和潮流，而男性則是喜歡嘗試了解新事物。各位可別輕忽 IG 所推薦的熱門追蹤名單，因為這裡的「建議」清單包含了熱門的用戶、已追蹤朋友所追蹤的對象、還有 IG 為你所推薦的對象。

有些帳戶必須得到對方的同意，所以按下「追蹤」鈕會變成「已要求」，得到對方認可後才會進行追蹤

每次 IG 為你建議的清單都不一樣，追蹤公眾人物可知道現今熱門的趨勢

「首頁」🏠 通常是顯示已追蹤者所發布的相片 / 影片的頁面，已追蹤的朋友如果要取消追蹤，可從朋友貼文的右上角按下「選項」⋮ 鈕，當出現如右下圖的功能表時選擇「停止追蹤」指令即可。

此外，按下 👤 鈕切換到「個人」頁面，右上方按下「追蹤名單」就會進入「追蹤中」的頁面，直接在欲取消追蹤者的後方按下「追蹤中」鈕，就能在開啟的視窗中選擇「停止追蹤」指令，悄悄的移除追蹤者。

8-4 一看就懂的 IG 介面操作功能

要好好利用 Instagram 進行行銷活動，當然要先熟悉它的操作介面，了解各種功能的所在位置，這樣用起來才能順心無障礙。Instagram 主要分為五大頁面，由手機螢幕下方的五個按鈕進行切換。

- **首頁**：瀏覽追蹤朋友所發表的貼文，還可進行拍照、動態錄影、限時動態、訊息傳送。

- **搜尋**：鍵入姓名、帳號、主題標籤、地標等，用來對有興趣的主題進行搜尋。

- **新增**：可以從「圖庫」選取已拍攝的相片 / 影片，也可以切換到「相片」進行拍照，或是切換到「影片」進行影片錄影，拍攝後即可將結果分享給朋友。

- **追蹤所愛**：所追蹤的對象對哪些貼文按讚、開始追蹤了誰、誰追蹤了你、留言中提及你等，都可在此頁面看到。

- **個人**：由此觀看你所上傳的所有相片 / 貼文內容、摯友可看到的貼文、有你在內的相片 / 影片、編輯個人檔案。如果你是第一次使用 Instagram，它也會貼心地引導你進行。如下所示，剛建立的 Instagram 帳號可能未有任何的貼文發布，個人頁面就會顯示「分享你的第一張 / 段相片或影片吧！」的文字來提醒使用者，按下該文字即可進行相片 / 影片的發布。

四大標籤，依序是格狀排序、直式排序、摯友貼文、標註有你的相片影片

編輯用戶名稱、網站、個人簡介等資訊

新手按此文字即可開始分享

8-5 掌握 IG 搜尋的小巧思

Instagram 是以圖像傳達資訊的有力工具，除了追蹤親友了解他們的近況外，若妥善運用搜尋功能，更能在全球的用戶的世界中進行探索。想要探索世界上千奇百怪的潮流，只要在「搜尋」頁面中進行搜尋，就會有許多的新發現，從這裡面可以獲得許多的情報，激發更多的靈感和創意，甚至可以和你經營的商店與品牌做連結。

8-5-1 搜尋相片與影片

好奇心是人的天性，透過一張勝過千言萬語的美照也可以經營企業品牌與消費者對話，「探索」頁面包含了音樂、美食、藝術、電視與電影、漫畫、美容、時尚潮流、運動、健身、幽默、旅遊等各種主題，點選有興趣的類別，再從下方的方格中去瀏覽有興趣的內容，方格狀的陳列讓作品一覽無遺。當各位搜尋任何主

題或關鍵字後，頁面中央會以格子狀的縮圖顯現所有貼文，或是該帳戶使用者已上傳分享的相片／影片。眼尖的讀者們可能發現，在格子狀的縮圖右上角通常會有不同的小圖示，它們分別代表著相片、多張相片／影片。

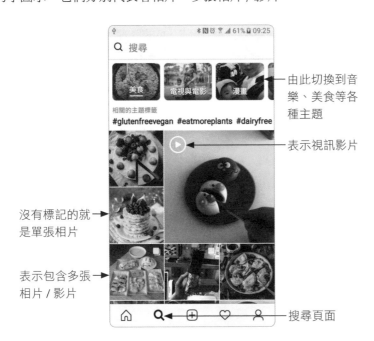

由此切換到音樂、美食等各種主題

表示視訊影片

沒有標記的就是單張相片

表示包含多張相片／影片

搜尋頁面

　　對於貼文中包含多張的相片／影片，在點進去後只要利用手指尖左右滑動，就可以進行相片的切換。

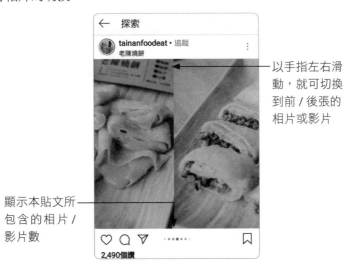

以手指左右滑動，就可切換到前／後張的相片或影片

顯示本貼文所包含的相片／影片數

8-5-2　搜尋關鍵文字

　　IG 用戶可以在最上方的搜尋欄上輸入想要搜尋的關鍵文字,就能在顯示的清單中快速找到相關帳戶。如左下所示,筆者輸入「劉德華」的關鍵文字,即可看到明星「劉德華」的相關貼文與帳戶。

關鍵文字搜尋

8-5-3　主題標籤 (#) 搜尋

　　除了使用「關鍵文字」外,也可以使用「主題標籤」來進行探索。只要在字句前加上 #,就會關連公開的內容,我們可以把它視為標記「事件」,透過標籤功能來搜尋主題,所有用戶都可以輕鬆搜尋到你的貼文。例如輸入「# 劉德華」,那麼所有貼文中有「劉德華」二字的相片或影片都會被搜尋到。

　　此外,在你進行類別的探索時,類別之下也有相關的主題標籤,透過這些熱門的主題標籤也能協助你找到相關的主題。

主題標籤（#）搜尋

點選「音樂」
類別

與音樂有關的
熱門標籤將一
併顯示在此

　　知己知彼，百戰百勝！研究和剖析相同領域的產品，才能接觸更多潛在的消費群，達到行銷效果。所以經營 Instagram 之前，先對相同領域的主題與標籤進行瀏覽與研究，可以清楚知道對手的行銷手法與表現方式，好的表現方式可以記錄下來，當作自己行銷的參考，不好的行銷方式也可以作為借鏡，讓自己不再犯錯。

　　「主題標籤」的使用並不限定於中文字，加入英文、日文等各國文字可以吸引到外國的觀光客注意。此外，留意目標使用者經常搜索的熱門關鍵字，適時將這些與你商品有關的關鍵字加入至貼文中，像是地域性的、與情感有關的關鍵字等加入至貼中，也能增加不少被瀏覽的機會。

由此搜尋與商品
有關的主題標籤

留意相關主題標
籤的運用包括地
域性或與情感有
關的標籤

本章 Q&A 練習

1. Instagram 行銷較適用於那些產業？

2. 請簡介 Instagram 的特性。

3. 請問探索人物的頁面，包括哪三個標籤？

4. 有哪些 Instagram 登入的方式？

5. 如何將所拍攝的相片 / 視訊和好朋友分享與行銷？

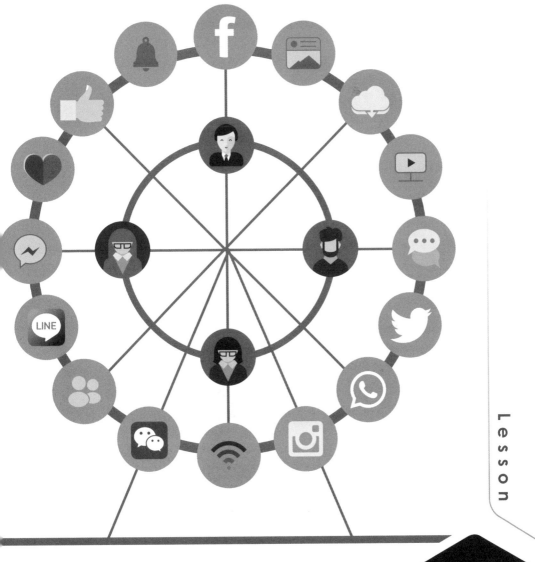

貼文與拍照贏家筆記

零秒成交的 IG 黃金行銷課

09

- ▶ 最強小編的貼文秘訣
- ▶ 觸及率翻倍的 IG 相機功能
- ▶ 不藏私的 IG 店家必殺技

「做社群行銷就像談戀愛，多互動溝通最重要！」社群平台如果沒有長期維護經營，有可能會使粉絲們取消關注。希望自己的帳戶追蹤者能像滾雪球一樣地成長，那麼就要讓其他用戶喜歡上你，關鍵在於你能否先提供價值給他們。不會有人想追蹤一個沒有內容的用戶，因此貼文內容扮演著最重要的角色，當雙方互動提高了，店家所要傳遞的品牌訊息甚至連粉絲都會主動幫你推播與傳達。

一次只強調一個重點，才能讓觀看者有深刻印象

因此行銷人員必須定期的發文撰稿、上傳相片 / 影片做宣傳、注意貼文下方的留言並與粉絲互動，如此才能建立長久的客戶，加強企業品牌的形象。由於社群平台皆為開放的空間，所發布貼文和相片都必須是真實不虛，同時必須慎重挑選清晰有梗的行銷題材，盡可能要聚焦，一次只強調一項重點，這樣才能讓觀看的網友有深刻的印象。

👥 9-1 最強小編的貼文秘訣

對大多數的人而言，使用 Facebook、Instagram 等社群網站的目的並不是要購買東西，所以在社群網站進行商品推廣時，最好不要一味地推銷商品，而是在文章中不露痕跡地講述商品的優點和特色。用心構思對消費者有益的貼文，不起眼的小吃麵攤透過社群行銷，也能搖身變成外國旅客來訪時必吃美食，無名小卒也能搖身變成與知名連鎖店平起平坐的競爭對象。

在社群經營上，與消費者的互動是非常重要的，發布貼文的目的是盡可能讓越多人看到。一張平凡的相片，如果搭配一則好文章，也能搖身一變成為魅力十足的貼文。寫貼文時要注意標題的訂定，設身處地為客戶著想，了解他們喜歡聽什麼、看什麼，或是需要什麼，這樣撰寫出來的貼文較能引起共鳴。標題部分最好能有關鍵字，同時將關鍵字不斷出現在貼文中，然後同步分享到各社群網站上，如此可以增加觸及率。

🛜 設身處地為客戶著想，較容易撰寫出引人共鳴的貼文

至於各位在 IG 上貼文發布的頻率並沒有一定的答案，盡可能每天都能更新動態，或者一週發幾則近況，因為發文的頻率確實和追蹤人數的成長有絕對的關聯性，如果能夠規律性的發布貼文，粉絲們就會願意定期追蹤你的動態。但也不要在同一時間連續更新數則動態，太過頻繁也會給人疲勞轟炸的感覺，寧可慎選相片之後再發布。當追蹤者願意按讚，一定是因為你的內容有趣，所以必須保證你發的貼文一定要有吸引粉絲的亮點才行。

9-1-1　按讚與留言

　　在 Instagram 中和他人互動是非常容易的事，對於朋友或追蹤對象所分享的相片 / 影片，如果喜歡的話可在相片 / 影片下方按下 ♡ 鈕，它會變成紅色的心型 🖤，這樣對方就會收到通知。如果想要留言給對方，則是按下 ◯ 鈕在「留言回應」的方框中進行留言。

按讚與留言

留言視窗

9-1-2 開啟貼文通知

不想錯過好友或粉絲所發布的任何貼文，各位可以在找到好友帳號後，從其右上角按下「選項」鈕 ⋮ 鈕，並在跳出的視窗中點選「開啟貼文通知」的選項，這樣好友所發布的任何消息就不會錯過。

同樣地，想要關閉該好友的貼文通知，也是同上方式在跳出的視窗中點選「關閉貼文通知」指令就可完成。

| 檢舉⋯⋯ |
| 封鎖 |
| 嘖聲 |
| 新增到摯友名單 |
| 隱藏限時動態 |
| 複製個人檔案網址 |
| 傳送訊息 |
| 以訊息傳送個人檔案 |
| 開啟貼文通知 ← |
| 開啟限時動態通知 |

點選此項，好友發布貼文都不會錯過

9-1-3 貼文加入驚喜元素

在這知識爆炸的時代，不會有人想追蹤一個沒有內容或趣味的用戶，因此貼文內容扮演著重要的角色，在貼文、留言或是個人檔案之中，可以適時地穿插一些幽默的元素，像是表情、動物、餐飲、蔬果、交通、各種標誌等小圖示，讓單調的文字當中顯現活潑生動的視覺效果。

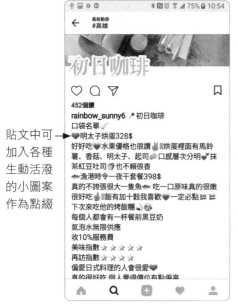

貼文中可加入各種生動活潑的小圖案作為點綴

個人簡介中也可以穿插小圖示，以拉近和他人的距離

要在貼文中加入這些小圖案並不困難，當你要輸入文字時，手機中文鍵盤上方按下 😊 鈕，就可以切換到小插圖的面板，如右下圖所示，最下方有各種的類別可以進行切換，點選喜歡的小圖示即可加入至貼文中。

❶ 按此鈕切換到表情符號

❷ 由此切換到各種類別，再選擇要套用的圖示鈕即可

　　相機 📷 功能中的「文字」模式中也可以輕鬆為文字貼文加入如上的各種小插圖，如左下圖所示。別忘了還有 😊 功能，使用趣味或藝術風格的特效拍攝影像，只需簡單的套用，便可透過濾鏡讓照片充滿搞怪及趣味性，偶爾運用也能增加貼文的趣味性喔！

進行拍照時，按此鈕可加入各種特效

文字貼文也可以加入小插圖

9-1-4　標註人物／地點

　　要在貼文中標註人物時，只要在相片上點選人物，它就會出現「這是誰？」的黑色標籤，這時就可以在搜尋列輸入人名，不管是中文名字或是用戶名稱，IG 或自動幫你列出相關的人物，直接點選該人物的大頭貼就會自動標註，如右下圖所示。同樣地，標註地點也是非常的容易，輸入一兩個字後就可以在列出的清單中找到你要的地點。

由此進行
人名和地
點的標註

輸入用戶
名稱或中
文名字，
就可以快
速找到該
用戶並進
行標註

9-1-5　推播通知設定

　　在 IG 裡主要以留言為溝通的管道，當你接收到粉絲的留言時應該迅速回覆，一旦粉絲收到訊息通知，知道他的留言被回覆時，他也能從中獲得樂趣與滿足感。若與粉絲間的交流變密切，粉絲會更專注你在 IG 上的發文，甚至會分享到其他的社群之中。如果你希望任何人的留言 IG 都會通知你，那麼可在「設定」頁面的「推播通知」進行確認。

選此項進行通知設定

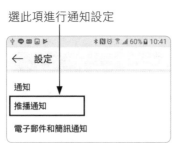

　　點選「推播通知」後，你可以針對以下幾項來選擇開啟或關閉通知，包括：
對於讚、回應、留言的讚、有你在內的相片所收到的讚和留言、新粉絲、已接受
的追蹤要求、Instagram 上的朋友、Instagram Direct 要求、Instagram Direct、
有你在內的相片、提醒、第一則貼文和限時動態、產品公告、觀看次數、直播視
訊、個人簡介中的提及、IGTV 影片更新、視訊聊天。你可以針對需求來設定各
項通知的開啟與關閉。

👍 **TIPS**

> Instagram 還提供「IGTV」功能，一個嶄的新創作空間，可以讓你透過更長的影片與
> 觀眾互動，用來打造全螢幕直向影片，讓行動裝置呈現最佳的觀看效果。由於每個人
> 都可以成為一個獨立的電視頻道，讓參與的粉絲擁有親臨現場的感覺，帶來瞬間的高
> 流量，所以聰明的商家不妨試用 IGTV 來做行銷。

9-1-6　主題色彩的文字貼文

　　貼文不只是行銷工具，也能作為與消費者溝通或建立關係的橋樑，也可嘗試一些具有「邀請意味」的貼文，友善的向粉絲表示「和我們聊聊天吧！」建立文字貼文最簡單的方式，就是利用「主題色彩」和「背景顏色」來快速製作。請在IG「首頁」🏠的左上角按下「相機」📷鈕，在顯示的畫面最下方切換到「文字」，接著點按螢幕即可輸入文字。

❷ 點一下螢幕，開始輸入文字

❸ 顯示你所輸入的文字內容

按此鈕變換主題色彩

這裡變換背景顏色

❶ 切換到「文字」

　　螢幕上方的橢圓形按鈕有提供打字機、粗體、現代、霓虹等主題色彩，按點該鈕會一併變更文字大小和字體顏色使其符合該主題，而左下方的圓鈕可變換背景顏色。「打字機」的主題色彩因為可輸入較多的文字，所以還提供文字對齊的功能，可設定靠左、靠右、置中等對齊方式。

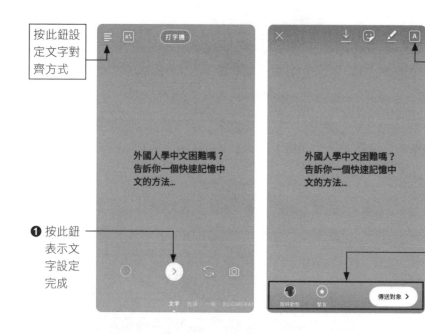

按此鈕設定文字對齊方式

這裡還可以繼續加入其他文字和效果

❶ 按此鈕表示文字設定完成

❷ 選擇分享的方式

文字和主題色彩設定完成後，按下圓形的 〉 鈕就會進入右上圖的畫面，點選「限時動態」、「摯友」、「傳送對象」等即可進行分享或傳送。

9-1-7 吸睛 100% 的文字貼文

各位可別小看「文字」貼文的功能，事實上 IG 的「文字」也可以變化出有設計味道的文字貼文，因為你可以為文字自訂色彩、為文字框加底色、幫文字放大縮小變化、為文字旋轉方向、也可以將多組文字進行重疊編排，讓你製作出與眾不同的文字貼文。

按此鈕可為文字框設定底色

拖曳文字時可「全選」文字，為文字設定顏色

長按於色塊會變成光譜，可自行調配顏色

　　善用這些文字所提供的功能，就能在畫面上變化出多種的文字效果，組合編排這些文字來傳達行銷的主軸，也不失為簡單有效的方法。

按此鈕可將畫面儲存下來 ⟶

按點一下文字就可以進入
編輯狀態，再次編輯文字
或屬性

最後編輯的文字會放置在
最上層

⟵ 按此鈕可新增文字內容

滑動兩指指間，可調整文
字大小或旋轉角度

文字框加底色的效果

9-1-8　分享至其他社群網站

　　由於所有行銷的本質都是「連結」，對於不同受眾來說，需要以不同平台進行推廣，如果將自己用心拍攝的圖片加上貼文發布至行銷活動中，對於提升粉絲的品牌忠誠度來說有相當的幫助。因此社群平台的互相結合能讓消費者討論熱度和延續的時間更長，理所當然成為推廣品牌最具影響力的管道之一。各位如果想要將貼文或相片分享到 Facebook、Twitter、Tumblr 等社群網站，只要在下方進行點選開啟該功能，按下「分享」鈕相片 / 影片就傳送出去了。

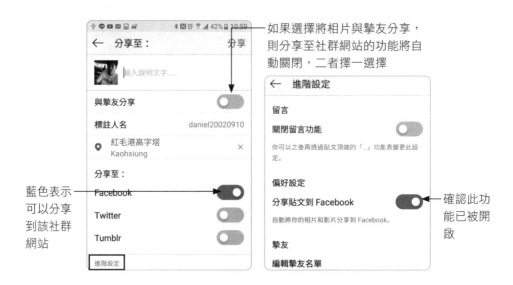

由於 Instagram 已被 Facebook 收購，所以要將貼文分享到臉書相當的容易，請各位按下「進階設定」鈕使進入「進階設定」視窗，並確認偏好設定中有開啟「分享貼文到 Facebook」的功能，這樣就可以自動將你的相片和貼文都分享到臉書上。

9-2 觸及率翻倍的 IG 相機功能

許多網路商家都會透過 Instagram 限時動態來陳列新產品的圖文資訊，而消費者在瀏覽後也可以透過連結進入店鋪做選購，當文字加上吸睛圖像照片，不知不覺中就有了導購的效果，這種針對目標族群的互動性，能有效提升商品的的點閱率。

IG 行銷要成功最重要的就是圖片 / 相片的美麗呈現，因為拍攝的相片不夠漂亮，很難吸引用戶們的目光，粉絲永遠都是喜歡美感的事物，用戶可將智慧型手機所拍攝下來的相片 / 影片，利用濾鏡或效果處理變成美感十足的藝術相片，然後加入心情文字、塗鴉或貼圖，讓生活記錄與品牌行銷的相片更加有趣生動。接著我們就先來認識相關的 IG 相機拍照功能。

Instagram 有兩個功能可以進行相片拍攝，一個是首頁的「相機」◎功能，另一個則是「新增」⊞頁面，二者都可以進行自拍或拍攝景物，光線昏暗時可加入閃光燈，但是二種在畫面尺寸和使用技巧有所不相同：

- **相機◎**：拍攝的畫面為長方型，拍攝後以手指尖左右滑動來變更濾鏡，或使用兩指尖進行畫面縮放、旋轉等處理，沒有提供明暗調整的功能，但是可以加入文字、塗鴉線條、插圖等，這是它的特點。

- **新增⊞**：拍攝的畫面為正方形，可套用濾鏡、調整明暗亮度、或進行結構、亮度、對比、顏色、飽和度、暈映等各種編輯功能，著重在相片的編修。

9-2-1 拍照 / 編修私房撇步

用戶可以利用智慧型手機所拍攝下來的相片，透過編輯工具將照片提升亮度、銳利化、或調整角度，而透過濾鏡能幫助他們傳遞一致的心境與情緒，這些具有 Instagram 效果的圖像，更對品牌行銷產生一定的影響性。當各位在「首頁」左上角按下「相機」◎鈕將會進入拍照狀態，由下方透過手指左右滑動，即可切換到「一般」進行拍照。

切換到「一般」模式後，按下⚡鈕會開啟相機的閃光燈功能，方便在灰暗的地方進行拍照。🔄鈕用來做前景或自拍的切換，而😊鈕則是讓使用者自拍時，可以加入各種不同的裝飾圖案或有趣的人物特效。

調整好位置後，按下白色的圓形按鈕進行拍照，之後就是動動手指頭來進行濾鏡的套用和旋轉 / 縮放畫面，多了這道手續會讓畫面看起來更吸睛強眼。另

外，建議各位可以將相片處理過後按下鈕儲存下來，之後想要加入各種圖案或
資訊都會更方便喔！

左右滑動指
尖可套用濾
鏡

按此鈕儲存
目前的畫面

動動拇指、
食指可旋轉
或縮放畫面

各位也可以選用「新增」功能，在拍攝相片後透過縮圖樣本來選擇套用
的濾鏡，切換到「編輯」標籤則是有各種編輯功能可選用。

按此鈕針對
畫面的明暗
與對比進行
調整 (Lux)

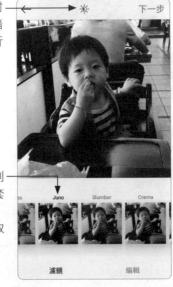

直接可看到
各種濾鏡套
用的效果，
可快速選取

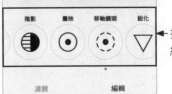

提供的各種
編輯功能

Instagram 所提供的相片「編輯」功能共有 13 種，包括：調整、亮度、對比、結構、暖色調節、飽和度、顏色、淡色、亮部、陰影、暈映、移軸鏡頭、銳化等，點選任一種編輯功能就會進入編輯狀態，基本上透過手指指尖左右滑動即可調整，確認畫面效果則按「完成」離開。

「編輯」功能所提供的編修要點簡要說明如下：

■ **Lux**：此功能獨立放置在頂端，以全自動方式調整色彩鮮明度，讓細節凸顯，是相片最佳化的工具，可快速修正相片的缺點。

■ **調整**：可再次改變畫面的構圖，也可以旋轉照片，讓原本歪斜的畫面變正。

■ **亮度**：將原先拍暗的照片調亮，但是過亮會損失一些細節。

■ **對比**：變更畫面的明暗反差程度。

■ **結構**：讓主題清晰，周圍變模糊。

■ **暖色調節**：用來改變照片的冷、暖氛圍，暖色調可增添秋天或黃昏的效果，而冷色調適合表現冬天冰冷的景緻。

■ **飽和度**：讓照片裡的各種顏色更艷麗，色彩更繽紛。

■ **顏色**：可決定照片中的「亮度」和「陰影」要套用的濾鏡色彩，幫你將相片進行調色。

■ **淡化**：讓相片套上一層霧面鏡，呈現朦朧美的效果。

■ **亮部**：單獨調整畫面較亮的區域。

■ **陰影**：單獨調整畫面陰影的區域。

■ **暈映**：在相片的四個角落處增加暈影效果，讓中間主題更明顯。

■ **移軸鏡頭**：利用兩指間的移動，讓使用者指定相片要清楚或模糊的區域範圍，打造出主題明顯，周圍模糊的氛圍。

■ **銳化**：讓相片的細節更清晰，主題人物的輪廓線更分明。

如左下圖所示使用「調整」功能，使用指尖左右滑動可以調整畫面傾斜的角度，讓畫面變得更強眼而有動感，透過「移軸鏡頭」功能可以選擇畫面清晰和模糊的區域範圍，如右下圖所示，將背景變得模糊些，小孩的臉部表情就比左下圖的更鮮明。

使用指尖左右滑動可以調整畫面傾斜的角度

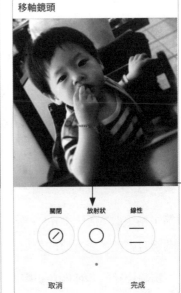

選用「放射狀」後，可以手指尖控制畫面清楚和模糊的區域範圍

9-2-2　夢幻的濾鏡功能

IG 是個比較能展現自我並尋找靈感的平台，許多品牌主都不斷的在思索，如何在 IG 上創造更吸睛的內容，例如 Instagram 有非常強大的濾鏡功能，能夠輕鬆幫圖像增色，圖片要有自己的品味與風格。根據美國大學調查報告指出，使用濾鏡優化圖像的貼文比未使用的高出 21% 的機會被檢視，並得到更多回文機會。

如左下圖所示是原拍攝的水庫景緻，只要一鍵套用「Clarendon」的濾鏡效果，自然翠綠的湖面立即顯現。

　　🛜 原拍攝畫面　　　　　　🛜 套用「Clarendon」濾鏡

　　你也可以透過濾鏡來改變或修正原相片的色調。如下圖的雕像，一鍵套用「Earlybird」的濾鏡效果，立即打造出復古懷舊風。

　　🛜 原拍攝畫面　　　　　　🛜 套用「Earlybird」濾鏡

　　Instagram 提供的濾鏡效果有 40 多種，但是預設值只有顯示 25 種濾鏡，如果各位經常使用濾鏡功能，不妨將所有的濾鏡效果都加入進來。選用「新增」⊕

功能後進入「濾鏡」標籤，將濾鏡圖示移到最右側會看到「管理」的圖示，請按下該鈕會進入「管理濾鏡」畫面，依序將未勾選的項目勾選起來，離開後就可以看到增設的濾鏡。針對濾鏡的排列順序，你也可以使用手指上下滑動來進行調整，例如你喜歡黑白照片，那麼就把「Moon」的濾鏡排到自己常用的濾鏡最前方，這樣套用時就可以輕鬆找到。

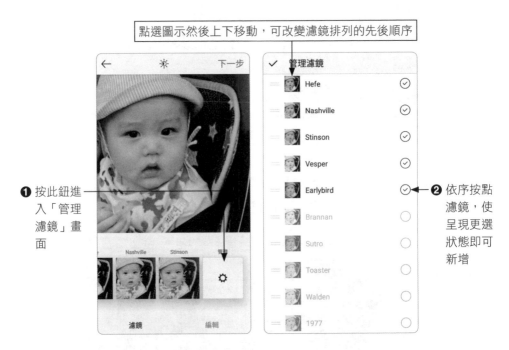

點選圖示然後上下移動，可改變濾鏡排列的先後順序

❶ 按此鈕進入「管理濾鏡」畫面

❷ 依序按點濾鏡，使呈現更選狀態即可新增

9-2-3　從圖庫分享相片

年輕族群是 IG 的主要使用戶，對圖像感受力敏銳，對於現代年輕人而言，相片比文字吸引人，也更符合這個世代溝通方式，新手如果要從圖庫中進行相片或影片的分享，請在「個人」頁面👤，按下「分享第一張相片或影片吧！」的超連結，就可以開始從手機的「圖庫」中找尋已拍攝的影片或視訊。之後可以由「首頁」🏠的左上角按下「相機」📷鈕，進入左下圖的畫面後，切換到「一般」，按下「圖庫」鈕即可瀏覽並選取已拍攝的相片。

按此新增討論的主題

❷ 按「圖庫」鈕選取圖片

❶ 相機切換到「一般」

　　圖片以 IG 視覺化行銷面著手，讓圖片說故事是最好的行銷概念，對於年輕客群而言，第一眼視覺接觸往往直接反應喜好與否。將自己用心拍攝的圖片加上文字分享至行銷活動中，對於提升品牌忠誠度而言會有相當大的助益。貼文中也可以一次放置十張的相片或影片，如要放置多張相片請點選 選擇多個 鈕，相片縮圖的右上角就會出現圓圈，請依序點選縮圖即可。

❶ 點選此鈕進行多張相片的選取

❷ 依序選取要使用的相片

❸ 按「下一步」鈕進入右圖

❹ 手指左右移動可以調整濾鏡效果，也可以旋轉相片角度、或縮放相片

❺ 按「下一步」鈕進入分享的畫面

　　當各位選取圖片後，動動你的兩個手指可為畫面做進一步的調整，如左下圖，食指左右滑動可看到加入前後濾鏡的畫面，方便各位做比較，兩根手指頭動一動畫面可放大縮小旋轉角度，讓畫面顯現更不一樣的風貌。

食指左右
滑動可調
整濾鏡

兩根手指
頭動一動
可縮放和
旋轉角度

9-2-4　酷炫有趣的自拍照

如果各位使用「相機」 功能並按下 鈕時，下方會有各種的效果圖案供各位
選擇，選取後畫面也會提供一些指示，只要跟著指示進行操作即可，像是張開嘴巴、
抬起你的眉毛、點按進行變更等，選定效果後按下白色圓形按鈕即可進行拍照。

點選縮圖即可套用不同裝飾圖案

9-2-5　夢幻般的 BOOMERANG 與超級變焦

以「相機」📷功能進行拍照時，除了一般正常的拍照外，也可以嘗試使用「BOOMERANG」和「超級變焦」兩種模式進行創意小影片的拍攝，這兩種影片都是限定在短暫的 2-4 秒左右的拍攝長度，能夠珍藏生活中每個有趣又驚喜的剎那時刻。只要有移動的動作，透過 BOOMERANG 就能製作迷你影片。

當各位切換到「BOOMERANG」模式，按下拍照鈕就會看到按鈕外圍有彩色線條進行運轉，運轉一圈計時完畢，小影片就拍攝完畢。如下圖所示，我們在計時的時間內做英文試題的翻頁動作，拍攝完成時再加入求救的文字和插圖，透過這樣方式就可以讓拍攝的內容變有趣。

❸ 按此鈕加入點綴的插圖

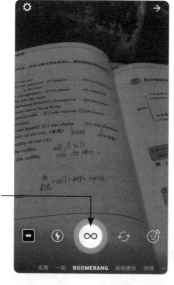

❷ 按此鈕輸入文字

❶ 按下圓形鈕進行錄影，並做書本翻頁的動作

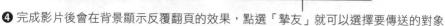
❹ 完成影片後會在背景顯示反覆翻頁的效果，點選「摯友」就可以選擇要傳送的對象

同樣地，如果選擇「超級變焦」模式，則是在畫面中顯示一個對焦的方框，當按下拍照鈕進行拍照時，畫面就會自動移動並放大至方框的範圍。進行變焦的過程中，還可以選擇加入愛心、狗仔隊、火熱、拒絕、悲傷、驚奇、戲劇化、彈跳等各種效果。

❶ 方框用以
設定焦點
位置

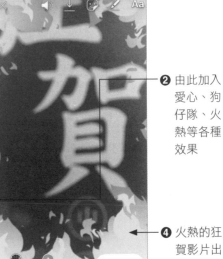

❷ 由此加入
愛心、狗
仔隊、火
熱等各種
效果

❸ 按下拍照
鈕，就會
自動進行
變焦放大
的錄製

❹ 火熱的狂
賀影片出
爐囉

透過這樣的功能，用戶就可以配合當時的情境或心情，快速做出許多有趣又有吸引目光的小影片，如下所示是加入「拒絕」、「驚奇」、「電視效果」的畫面。

📶「拒絕」效果

📶「驚奇」效果

📶「電視節目」效果

9-2-6 相片縮放 / 裁切功能

各位除了由「首頁」🏠的左上角按下「相機」📷鈕開始分享相片和影片外，也可以利用下方的「分享拍照」➕進行相片 / 影片的編修與人物標註。

各位點選➕後可在視窗下方的「圖庫」選取以前所拍攝的相片 / 影片，也可以立即進行「相片」拍照或「影片」錄製。選取相片後可按下左下角的按鈕對相片進行縮放或剪裁。

❶ 按此鈕，然後動動你的手指頭調整相片的比例位置

❷ 瞧！人物更清楚了

由「圖庫」選取現有相片 / 影片，或是按「相片」進行拍照，按「影片」進行攝影

9-2-7 調整相片色彩明暗

IG 有非常強大的濾鏡功能，使他快速竄紅成為近幾年的人氣社群平台，累積大量的用戶。對於分享的相片，你可以為它加入濾鏡效果，或按下「編輯」鈕進行調整、亮度、對比、結構、暖色調節、飽和度、顏色、淡化、亮度、陰影、暈

映、移軸鏡頭、銳化等編輯動作。如右下圖所示。若是拍攝的為影片，除了套用濾鏡的效果外，還可為影片加入封面！

直接點選
縮圖就可
套用濾鏡

使用「調整」功能調整畫面的傾斜度

「編輯」所提供的各項功能，以指尖左右滑動進行切換

「編輯」所提供的各項功能，基本上是透過滑桿進行調整，滿意變更的效果則按下「完成」鈕確定變更即可。

9-3 不藏私的 IG 店家必殺技

Instagram 的崛起，代表用戶對於影像社群的興趣開始大幅提升，Instagram 比較適合擁有實體環境展示空間的產品，大量的產品和配件可以在同一個畫面中顯示的品牌，尤其是經營與時尚、旅遊、餐飲等產業相關的品牌。Instagram 行銷並不難，各位如果想要利用此社群網站來行銷自家商品，只要善用這些技巧並掌握用戶特性，你也能快速建立知名度，並獲得更多的客源與支持度。

9-3-1　洞悉粉絲需求

　　了解顧客的心理與需求後，在規劃和製作行銷內容時就必須時時為顧客著想，能符合顧客需求的商品才是好商品，才會引起共鳴。由於許多人都是利用零碎時間上網瀏覽社群，所以貼文內容最好有對照比較，這樣消費者較容易做出消費決策。當消費者越能省力判斷，就越有動機購買，像是清潔用品、化妝保養品、減重美容等，讓消費者感受「使用前使用後」的差別，就容易讓消費者投射自己的期望。

有對照比較的畫面，消費者越能省力判斷，快速做出消費決策

　　商家有時也會以「賣完為止、僅限預購」來創造行銷話題，製造產品一上市就買不到的現象，促進消費者購買該產品的動力，讓消費者覺得數量有限不買可惜。例如之前麥當勞為慶祝世界球后戴姿穎奪冠，宣布 2018 年 8 月 31 日上午 10:30 至晚上 23:59 止，到麥當勞「出示貼文」即享大麥克買 1 送 1。這樣的行銷活動引起民眾如暴風般的關注與回應，全台 400 家的麥當勞櫃台都出現了長常的

人龍排隊搶購，不但上了新聞媒體，麥當勞隨後更加碼「主餐單點買一送一」的優惠。

麥當勞慶祝戴姿穎奪冠的「大麥克買1送1」活動，創造行銷的最佳典範，行銷效果像病毒般的快速入侵消費者市場

此外，如左下圖的「好康贈獎」，傳送訊息就有機會獲得兩項商品，點讚、留言、分享貼文也有好康，透過這樣的廣告宣傳就能快速增加追蹤人數，而右下圖則是針對職場新鮮人所推出的免費課程說明會。

9-3-2 行動召喚鈕

在 IG 中刊登廣告的目的無外乎是希望增加客源，讓訂單數量可以攀升。所以通常在廣告中都會擺放一個明顯的按鈕或連結，目的就是導引用戶完成某些特定的動作來換取更高的價值。例如「傳送訊息」、「立即安裝」、「瞭解詳情」、「瀏覽 Instagram 商業檔案」等按鈕，都能讓商家透過此按鈕而收集到用戶名稱、電郵、電話等資訊，以用於將來的行銷活動。

IG 的行動按鈕都擺放在相片 / 影片下方

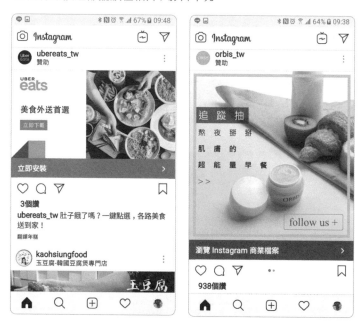

這些行動召喚鈕（Call-to-Action,CAT）的目地為希望訪客去達到某些目的的行動，就是希望召喚消費者去採取某些有助消費的活動，例如故意將訪客引導至網站策劃的「到達頁面」（Landing Page），讓訪客參與店家企畫的活動，通常會擺放在明顯的地方，並以鮮豔對比的色彩標示來引人注意。

這些行動召喚鈕是否有作用，端看你能提供哪些益處給客戶，也就是說瀏覽者能夠清楚知道，在他們完成點擊行動按鈕後會得到什麼好處。像是「傳送訊

息」就有機會獲得好康的贈獎,「立即安裝」之後,當肚子餓時只要一鍵點選,各路美食就能送到家。對消費者有誘因,自然行動按鈕被點擊的機會就會升高,而且研究結果發現,簡單而清楚的指示能有效增加顧客的點擊意願。另外按鈕的文字不宜過長,以不超過 5 個字為佳,善用急迫性的行動召喚來達到你的行銷目的,所以不管是在你的影片、相片或貼文中,都應該要明確的導引用戶來完成按鈕的點擊。

9-3-3　@ 建立交叉推廣

Instagram 是社群網站,在此平台上可以分享自己喜愛的東西,同時也可以透過標籤接收他人的訊息。所以進行自家商品行銷時,不妨與其他相關性產品進行相互的標籤,把追蹤自己的用戶也介紹給對方,增加雙方的知名度。如左下圖所便是一例,用戶按下「@Nutiva」就能連結到另一家食品及飲料公司。

　　運用 @ 與其他相關的帳號建立關係，也會影響到他們的粉絲群。當你分享一條與你的品牌相關的帳號或產品標籤，他們也會幫你分享。所以不管是文字貼文、限時動態或回覆的貼文當中，都可以透過「@」和他人建立關係，讓瀏覽者有機會按點在 @ 的帳戶上直接前往，這樣的交叉推廣可以帶來新的粉絲。另外也可以使用「標註人名」的方式來與其他用戶建立連結關係，右下圖所示：

☰ 本章 Q&A 練習

1. 請簡介 Instagram 的「IGTV」功能。

2. 請問 IG 的「文字」貼文有哪些功能？

3. 當各位選取素材後進入「下一步」會看到哪一種功能？

4. 請簡介 Instagram 的相機功能。

5. 如何將 IG 貼文分享至其他社群網站？

6. 請簡介 Instagram 所提供的相片「編輯」功能。

7. 請問行動召喚鈕（Call-to-Action,CAT）的目地為何？

實戰 LINE 行銷密技

邁向成功店家捷徑

▶ Line 功能輕鬆學

▶ LINE@ 生活圈行銷

隨著智慧型手機的普及，不少個人和企業藉行動通訊軟體增進工作效率與降低通訊成本，甚至作為企業對外宣傳發聲的管道，行動通訊軟體已經迅速取代傳統手機簡訊。國人最常用的 App 前十名中，即時通訊類佔了四名，第一名便是 LINE。

全世界有接近三億人口是 LINE 的用戶，而在臺灣就有一千八百多萬的人口在使用 LINE 手機通訊軟體。Line 在臺灣相當積極推動社群行銷策略，推出最新的 LINE@ 生活圈，類似 FB 的粉絲團，一方面鼓勵商家開設官方帳號，另一方面自己也企圖將社群力轉化為行銷力，形成新的社群行銷平台。

🛜 透過 LINE 玩社群行銷，快速培養忠實粉絲

👥 10-1 Line 功能輕鬆學

Line 通訊軟體是由韓國最大網路集團 NHN 的日本分公司開發設計完成，是行動裝置上可以使用的免費通訊程式。它能讓用戶在一天 24 小時中，隨時隨地盡情享受免費通話與通訊，以及透過方便免費的視訊通話和遠在外地的好友視訊通話，就好像 Skype 即時通的功能一樣，也可以利用網路電話（IP Phone）打電話與留訊息。要在手機上下載 Line 軟體十分簡單，用戶可以直接在 Google Play 或 App Store 中輸入 Line 關鍵字即可下載，如右圖所示：

🛜 App Store 中下載或更新的 Line 畫面

> 網路電話（IP Phone）是利用 VoIP（Voice over Internet Protocol）技術，將類比語音
> 訊號經過壓縮與數位化（Digitized）後，以資料封包（Data Packet）的型態在 IP 數據
> 網路（IP-based data network）傳遞的語音通話方式，可以透過網路相關通訊協定，
> 取代傳統電話來與他人進行語音交談。簡單來說，只要能夠連上網，就可以撥打電話
> 給同在網路上的任一位好友。

　　LINE 必須雙方互相加入好友才可以開始互通訊息與通話，當雙方都有 LINE
帳號後，接下來介紹如何互相加為好友。LINE 提供多種加好友的方式，在此我們
建議以下三種常見方式：

1. 以 ID/ 電話號碼搜尋功能，輸入 ID 或電話號碼來加入好友。如果用戶不想讓對方有你的電話就能隨便加為好友，請在好友設定中，取消勾選「允許被加入好友」即可。

2. 以手機鏡頭直接掃描對方的 Line QR code 來加入好友。

3. 雙方一同開啟藍牙功能，即可配對加入好友。

🔊 Line 的好友畫面

如果想打電話給對方，只要開啟對方的視窗，並按下電話圖示即可。

🛜 用 Line 撥打國際電話不但免費，音質也相當清晰

如果要傳訊息或圖片給對方，也只需開啟對方的視窗輸入文字訊息，或按下左下角 + 號進入選擇相片即可。例如逢年過節時，如果想將相同祝賀的吉祥話傳訊息給許多人，這時可以先將傳訊息給一個人，然後長按訊息等到出現功能表時選擇「轉傳」指令，再勾選所要傳送的好友即可。

🛜 Line 中也可以互傳訊息及圖片

10-1-1　貼圖行銷

　　LINE 設計團隊很會抓住東方消費者含蓄的個性，例如用貼圖來取代文字，活潑的表情貼圖是 LINE 的最大特色，不僅比文字簡訊更為方便快速，還可以表達出內在情緒的多元性，十分療癒人心，也能馬上拉近人與人之間的距離，非常受到亞洲手機族群的喜愛。LINE 貼圖可以讓用戶盡情表達內心悲傷與快樂，趣味十足的主題人物如熊大、兔兔、饅頭人與詹姆士等，更是 Line 的超人氣偶像。

可愛貼圖對於保守的亞洲人有一圖勝萬語的功用

　　由於 LINE 是一個綜合平台，而不僅是一個單純的社交平台，主要以人與人的溝通為基礎，再加以延伸出許多不同的商業功能。Line 的免費貼圖，不但使用者喜愛，也早已成為企業的行銷工具。特別是一般的社群行銷工具並不容易接觸到掌握經濟實力的銀髮族，但使用 LINE 幾乎是全民運動，能夠真正將行銷觸角伸入中高齡族群。通常企業為了做推廣，會推出好看、實用的免費貼圖，打開手機裡的 Line 貼圖小舖，會不定期推出免費的貼圖，吸引不想花錢買貼圖的使用者下載，下載的條件只需加入好友，就成為企業推廣帳號、產品及促銷的重要管道。

　　越來越多企業開始在 Line 上架貼圖和建立粉絲專頁，為了龐大的潛在傳播者，許多知名企業無不爭相設計形象貼圖，除了可依照自己需求製作，還可以讓企業利用融入品牌效果的貼圖，短時間就能匯集大量粉絲，有助於品牌形象的提升。當然貼圖不能只是單純的宣傳產品，除了必須考量視覺上的設計，最好能針對目標群眾普遍關心的話題。貼圖除了讓用戶可以免費下載，又能替商品行銷造成雙贏的局面，再加上 Line 還提供官方帳號來主打企業品牌，迅速傳送最新消息

給加入帳號的用戶，更能幫助提升企業知名度和增加獲利。

例如立榮航空企業貼圖第一天的下載量就達到 233 萬次，千山淨水 LINE 貼圖兩週就破 350 萬次下載。LINE 可謂第一方嵌入應用程式中提供原生內容、原生廣告中，最不令人反感的日常平台，在貼圖小舖中即可看到企業贊助貼圖。根據 LINE 官方資料，企業貼圖的下載率約九成，使用率約八成，且有三成用戶會記得贊助貼圖的企業。

🛜 只要加入好友就可下載可愛的企業貼圖

10-1-2　LINE@ 生活圈行銷

由於社群平台會佔據人們更多的時間，其行銷的潛力絕對不容小覷，聰明的店家應該用社群網路的力量增加行銷效果，將危機變成致勝的轉機。LINE 繼續鎖定全國實體店家，為了服務中小企業，LINE 開發出更為親民的行銷方案，導入日本的創新行銷工具「LINE@ 生活圈」，Line 官方認為社群商務還有很多創新的空間，會加速原來實體零售業進化的速度，真正和顧客建立起長期的溝通管道。

🛜 加入商家為好友，可不定期看到好康訊息

　　LINE 已經不只是通訊軟體，2017 年以「智慧入口」為遠景，打造虛實整合的 O2O 生態圈，店家不斷丟廣告給消費者已經不是好的行銷手法，現在的消費者根本不會買單，原因就是根本沒有先建立與消費者之間的互動關係。LINE@ 生活圈服務讓店家可以透過 LINE 帳號推播即時活動訊息給其他企業、店家、甚至是個人，藉由專屬帳號與好友互動，一旦使用者加企業官方帳號為好友，就可以定期收到優惠或活動訊息。這個方法類似 Facebook 的粉絲專頁，但訊息能見度更高，重點是把消費者當成朋友，針對不同族群發送他們想看的訊息，並能串連與好友之間的生活圈，就有機會拉近彼此的關係，將線上的好友轉成實際消費顧客群，並定期更新動態訊息，爭取最大的品牌曝光機會。

　　「LINE@ 生活圈」帳號不但可讓商家直接收到客戶的諮詢，更可以同步打造「行動官網」，任何 LINE 用戶只要搜尋 ID、掃描 QR Code 或是搖一搖手機，就可以加入喜愛店家的「LINE@ 生活圈」帳號，在顧客還沒有到店前傳達訊息，並直接回應客戶的需求，像是預約訂位或活動諮詢等，實體店家也可以利用定位服務（LBS）鎖定生活圈 5 公里內的潛在顧客進行廣告行銷，顧客只要加入指定活動店家的帳號，即可收到店家推播的專屬優惠。

🖧 10-2 LINE@ 生活圈行銷

　　前面章節中就曾提過，由於社群平台會佔據人們更多的時間，其行銷的潛力絕對不容小覷，Line 在臺灣就相當積極推動社群行銷策略，LINE 公司推出最新的 LINE@ 生活圈，類似 FB 的粉絲團，聰明的店家應該用網路的力量增加行銷效果，透過 LINE@ 生活圈行銷，店家可掌握分眾訊息、支付與 Messenger API 應用等功能。

　　LINE@ 生活圈的使用並不複雜，它就像是 LINE 群組的加強版，LINE 有兩種不同帳號，「一般帳號」可以讓商家或個人申請，而「認證帳號」需經過官方審核認證，僅開放給中小企業、公司行號、社團法人申請。請由手機的「Play 商店」

搜尋「line@ 生活圈」，找到「LINE@App（LINEat）」程式並自行安裝即可。不過
用戶必須先完成與 LINE 連動的操作後，才能使用訊息管理後台或專屬應用程式，
所以務必在申請前，先透過手機上的 LINE，完成電子郵件帳號的綁定。

　　下載完成後，手機會出現歡迎的畫面，接著是簡單的 LINE@ 介紹畫面，讓
你知道如何加入好友、1 對 1 聊天室、傳送訊息和上傳主頁投稿，按下「啟動
LINE@」按鈕即可啟動 LINE@。

手機歡迎
畫面

按此鈕啟
動 LINE@

當按下「啟動 LINE@」按鈕後，接著會看到如下兩個按鈕：選擇「開始使用 LINE」會與手機 LINE 連動，也就是使用手機使用者的 LINE 帳號密碼進行登入。如果你是使用他人手機或是使用公司的 LINE 帳號密碼，那麼就請選擇「使用 LINE 帳號登入」進行登入。

輸入帳號密碼後會出現「認證」畫面，這時會要求存取個人資料與傳送訊息的必要資訊，請按下「同意」鈕離開。接著在「帳號資料」的畫面中輸入 LINE@ 帳號名稱，設定帳號的主要業種、次要業種，另外還必須上傳帳號顯示的圖片，才能按下「註冊」鈕進行註冊，這裡所設定的帳號名稱及帳號圖片都將公開至其他 LINE 用戶：

完成 LINE@ 一般帳號的申請手續後就會進入「管理」畫面，在帳號下方可看到一組由系統自動產生的 LINE@ ID，由於是系統隨機產生的 ID，所以較不容易記憶。如果想要擁有一組好記的專屬 ID，可以自行向 LINE 購買，另外帳號下方還會標註帳號狀態，目前申請的是「一般帳號」，若是顯示「承認」，表示該帳號是經過認證的帳號：

系統自動產生的 LINE@ ID ─── 　　　　　　　　　　　　　　 ─── 顯示帳號狀態為「一般帳號」

以往有許多商家也會使用 LINE 來做行銷，通常是利用群組功能將客戶集聚在一起，然後發送商品相關訊息，不過因為透過群組發出的訊息很容易被洗版，往往讓後面的人不容易看到你所發送的優惠訊息，再加上群組對話內容並不具有隱私性，有些私密問題不適合在群組中公開發問，這時不妨可以考慮使用 LINE@ 生活圈。

由於 LINE@ 生活圈是一種全新的溝通方式，不但可以輕鬆傳送訊息給所有客戶，也可以 1 對 1 與客戶聊天，讓商家接收諮詢或訂單保有絕對的隱私性。

此外，行動官網還可刊載店家的營業時間、地址、商品等相關資訊，讓這些資訊得以在網路上公開搜尋得到，增加商店曝光的機會：

─── LINE@ 僅有店家管理時，才需要下載

10-2-1 使用 LINE@ 手機 App 管理帳戶

　　LINE@ 生活圈能成功推出分眾推播訊息，讓訊息能傳送給精準的受眾，當各位店家在註冊一般帳號並進入 LINE@ 手機管理介面後，可以看到「好友」、「聊天」、「首頁」和「管理」四個標籤：

好友「聊天、首頁、管理四大標籤

管理所包含的主要功能區

- 「**好友**」**標籤**：可以透過分享行動條碼、分享 URL、或是利用名稱方式進行好友的搜尋。

- 「**聊天**」**標籤**：顯示聊天的紀錄。

- 「**首頁**」**標籤**：可察看帳號資訊，或是進行投稿，以便分享資訊。

- 「**管理**」**標籤**：「追蹤者」顯示好友的數據資料，「群發訊息」用以透過手機傳送訊息給所有好友，也可進行訊息的編寫或預約訊息傳送的時間，另外會顯示每月訊息剩餘的額度。「設定」用來做個人資料、貼圖、聊天、好友等相關設定，對於常見的問題，這裡也有提供基本的說明。下方則是管理所包含的主要功能區，包括獲得更多好友、成員 / 帳號管理、主頁設定等。

對於新手而言，也有提供「使用教學」的功能，請切換到「管理」標籤，點選綠色的「使用教學」，就能依序教導新手進行「狀態消息」、「封面照片」、「設為好友時的歡迎訊息」等設定技巧。

❶ 切換到「管理」標籤

❷ 按下「使用教學」

❸ 提供如圖的三個設定內容

10-2-2　LINE@ 電腦管理後台

除了使用手機管理 LINE@ 生活圈的帳號外，也可以使用 LINE@ 電腦管理後台來管理帳號。LINE@ 電腦管理後台可以做宣傳頁面、製作海報、調查頁面、新增操作人員或權限變更等，這些都是手機版所沒有的功能。如果想要進行上述功能的使用與管理，只要直接連結到如下的網址即可。

- **LINE@ 生活圈電腦管理後台**：http://admin-official.line.me

第一次登入電腦管理時，後台會要求你輸入帳號與密碼，同時必須從手機輸入驗證碼，確認之後才會進入 LINE@ Manager 管理系統。在「帳號一覽」的頁面下方，可以看到目前管理的帳號，通常一個 LINE 帳號，最多只能開設四個 LINE@ 一般帳號。

點選完要管理的帳號名稱，將會進入該 LINE@ 帳號，可以從如下的視窗中即可進行訊息的編寫、1 對 1 聊天、主頁設定等各種設定。對於新手而言，視窗中有綠色的「新手指引」區塊，裡面貼心地列出 5 個項目，新手只要依序點選 1-4 項目，就會直接進入該項的設定畫面，遵照指示進行編輯，就能完成基本設定、主頁設定、用戶加入好友時的問候語等設定。

新手請個別點選 1-4 的項目，即可進行各項設定

10-2-3 設定帳號顯示圖片與狀態消息

請各位從「新手指引」選擇第 1 項「設定您的帳號顯示圖片和狀態消息吧」，就會進入「基本設定」的頁面，首先要確認帳號顯示圖片，因為它會顯示在好友名單及聊天頁面上，所以必須在加入好友前先行確認才行。

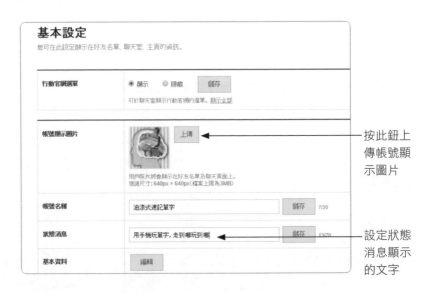

按此鈕上傳帳號顯示圖片

設定狀態消息顯示的文字

　　各位之前在註冊時已有事先上傳顯示的圖片，如果覺得效果不夠明顯，可在此重新上傳，其建議尺寸為 640 x 640 像素，檔案上限為 3 MB。在好友列表中，通常在帳號名稱後方有時會出現一排比較小的文字，這排文字就是所謂的「狀態消息」，這裡設定的文字可以幫助商家被搜尋到，增加曝光的機會，善用它也可以增加好友的認同感：

　　「狀態消息」是將你的狀態消息顯示於用戶的名單上。你可以在狀態消息中設定與商店有關且易懂的關鍵字，以便宣傳帳號內商店的特色或資訊。狀態消息最多可以設定 20 個字，輸入文字後請按下「儲存」鈕儲存，一旦變更後，一小時內將不得再次變更。如果要從手機上變更，也可以在「管理」標籤的「基本資料」功能區中進行修正。

10-2-4　設定主頁封面照片

當我們在 LINE 裡面點選某一帳號時，首先跳出的小畫面，或是按下「主頁」鈕所看到的畫面就是「主頁封面」。「主頁封面」照片關係到店家的品牌形象，假如不做設定，好友看到的只是一張藍灰色的底，無法凸顯出店家想表現的特色。所以在加入好友之前，一定要先設定好主頁封面照片，才能凸顯帳號的特色，吸引客戶的目光，提升品牌注意力。

主頁封面照片　　　　　　　主頁封面照片

由手機進行「封面照片」的設定時，除了可以選擇現有的照片外，也可以直接使用相機進行拍攝。至於在電腦後台的「新手指引」中點選第 2 項「設定您的封面照片吧」，或是在視窗左側點選「主頁 / 主頁設定」，就能看到如下的「主頁設定」。貼圖大小建議為 1080 x 878 像素，圖片上傳後可做裁切的動作。

請按下「上傳」鈕進行上傳，若需裁切範圍請自行按下「裁切範圍」鈕進行設定。另外視窗下方還有一些選項設定，像是變更相片時投稿至動態消息、留言

功能設定、管理垃圾留言用戶等，設定完成別忘了在最下方按下「儲存」鈕，這
樣主頁的設定才算完成。如左下圖所示，便是手機上所顯示的主頁封面照片：

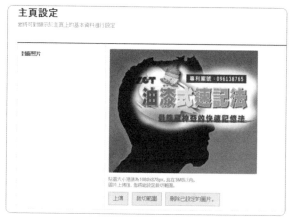

🛜 主頁設定視窗　　　　　　　　　　🛜 手機上所顯示的主頁畫面

10-2-5　編寫好友歡迎訊息

在 LINE@ 生活圈裡，當顧客加入你的帳號時，就會跳出好友歡迎訊息，這是
你和好友第一次的接觸，通常用戶閱讀此訊息的機會相當高，如果歡迎訊息設定
得好，可以拉近彼此的距離，降低被封鎖的機會：

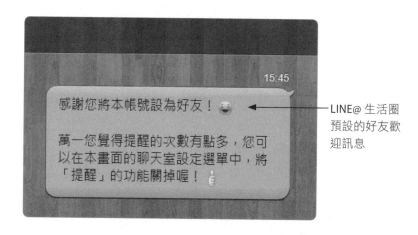

LINE@ 生活圈
預設的好友歡
迎訊息

在「新手指引」的區塊中點選第 4 項「編輯對方將您設為好友的第一封訊息吧」，或是點選視窗左側的「訊息 / 用戶加入好友時的問候語」，就可以在如下視窗中進行問候語的文字編寫。文字訊息最多可輸入 500 字，但通常不建議設太多的文字，因為字太多會引起反感，讓人想退出或封鎖。

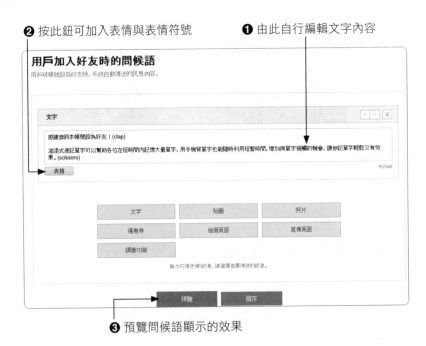

❷ 按此鈕可加入表情與表情符號　　**❶** 由此自行編輯文字內容

❸ 預覽問候語顯示的效果

在文字訊息中能夠加入表情與表情符號，善用這些表情符號可以讓不容易表達的情緒或表情顯現出來，使歡迎詞變得活潑生動。按下「表情」鈕所提供的表情與符號大致如下：

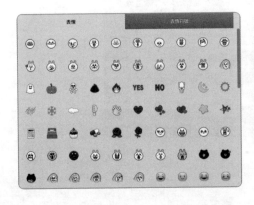
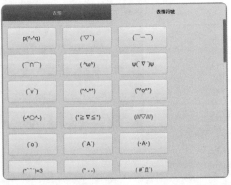

LINE@ 允許每次傳送 5 則的訊息，所以除了文字訊息的傳送外，也可以同時傳送貼圖、照片、優惠券、宣傳頁面等。我們是同時設定「文字」和「貼圖」，那麼預覽時就會看到文字和貼圖的訊息了：

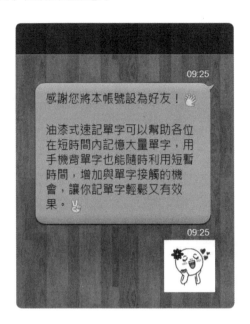

10-2-6　行動官網設定

行動官網設定則包含封面設計，以及位置資訊、營業資訊、服務項目、照片等擴充功能的設定，這些資訊可以讓客人更了解商家，也可以方便未來的客人利用這些資訊聯絡商家。一般的帳號只能在 LINE@ App 中被瀏覽到這些資訊，而認證的帳號還可以在電腦桌機或筆電上的瀏覽器被搜尋得到。

請由電腦管理後台下方按下「行動官網」，就會自動切換到「封面設計」的頁面，這裡可以同時設定商標、封面圖案與按鍵色彩，請直接切換到各標籤進行設定。

商標至少 150 x 150 像素，PNG 格式　　封面圖案至少 500 x 500 像素

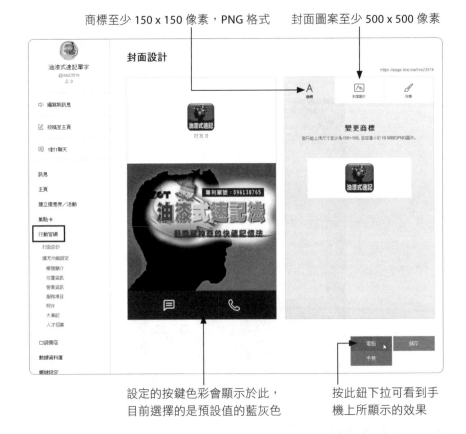

設定的按鍵色彩會顯示於此，
目前選擇的是預設值的藍灰色

按此鈕下拉可看到手
機上所顯示的效果

　　以封面圖片的上傳為例，按下「＋」鈕並點選圖片縮圖後，用戶可以透過滑鼠調整畫面顯示的位置，注意「Mobile」和「PC」的顯示範圍有所不同，調整好位置後，再按「儲存」鈕儲存畫面。另外「按鍵」標籤則可設定封面底端的色彩，各位可以依照您的商品主題選擇適合的色彩來搭配。

　　如果是切換到「擴充功能設定」，則設定的項目包括營業資訊、帳號簡介、優惠券、服務項目、位置資訊、大事記、人才招募、集點卡等，請直接勾選項目，再按下「編輯」鈕進行編輯即可，設定完成記得按下「儲存」鈕儲存設定，免得辛苦設定結果化為烏有：

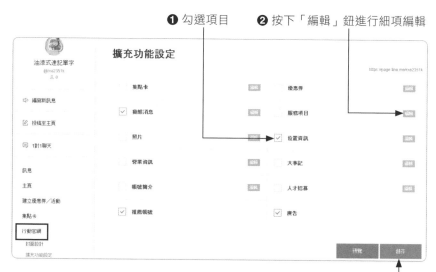

❶ 勾選項目　　❷ 按下「編輯」鈕進行細項編輯

❸ 按「儲存」鈕儲存設

所設定的擴充功能都將出現商家的首頁，方便客戶查詢。如下所示：

10-2-7　客戶加入 LINE@ 好友

當上述的要項都設定完成後，即可準備將客戶的資料加入到 LINE@ 好友中。最常見加入好友的方式，包括邀請、搜尋 ID 或電話號碼、掃描 QR code 或是搖一搖四種方式。

以搜尋 ID 為例，店家可以透過各種宣傳文件讓潛在客戶知道你的 ID，當客戶從手機中以 ID 方式搜尋，就可以找到你的資訊，客戶從手機按下「加入」鈕加入官方帳號，接著按下「同意」鈕確認內容，按下「聊天」鈕開始聊天時，就會看到店家所編寫的「好友歡迎訊息」，如右下圖所示：

客戶以 ID 方式搜尋，就可以找到你所開設的 LINE@ 生活圈

客戶加入後會先看到好友歡迎訊息

下方選單會列出行動官網所設定的一些內容

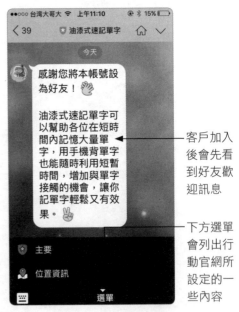

10-2-8　取得行動條碼與「加入好友」按鍵

在電腦後台的「基本設定」裡，用戶可以看到「行動條碼」和「加入好友的按鍵」，可以將裡面的 HTML 標籤剪貼並複製到你的部落格中，或是分享到社群網站上，這樣客戶可以取得你的行動條碼來加入 LINE@ 生活圈，或是直接按下「加入好友」鈕來加入。如下圖示：

在行動條碼圖片上按右鍵，也可以另存行動條
碼的圖檔，再放置於網站上供客戶或好友掃描

10-2-9　從 LINE@App 獲得更多好友

假如想從手機中取得更多好友，可在 LINE@App 的「管理」標籤中點選「獲得更多好友」的選項，選擇由 LINE、行動條碼、網址、Facebook、Twitter、電子郵件、分享文範例等方式來獲得更多好友。

以 LINE 為例，按下 LINE 的圖示鈕，再由「好友」標籤中勾選要傳送的對象，按下「分享至動態消息」鈕就可傳送出去，而「行動條碼」可以將條碼圖片儲存後，分享到部落格、社群網站上。每個取得好友的方式都有說明，各位只要依照指示進行設定，就可獲得更多好友。

10-2-10　群發訊息

Line@ 生活圈還提供了「群發訊息」的功能，能夠一次就將訊息傳送給所有好友，還能預先設定傳送訊息的時間，讓商家能夠搭配圖文並茂的活動文案來吸引顧客的注意力。當各位想要群發訊息，可從手機的「管理」標籤中按下「群發訊息」鈕進入「群發訊息」視窗，接著點選「撰寫新訊息」會顯示下圖的畫面，請點選「編輯訊息」然後直接輸入訊息內容。

輸入完畢按下「傳送」鈕會將訊息先傳送到手機上，按下「完成」鈕才會「完成」訊息的編輯動作，並回到下圖的視窗。各位可以在下方預約訊息要傳送的時

間，如果不設定預約時間，那麼按下綠色的「傳送」鈕就會將訊息傳送出去。

 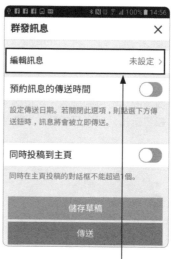

訊息編輯完成，按「傳送」鈕和「完
成」鈕後，這裡才會顯示「完成」

　　在群發訊息時，特別要注意發送的時間，不要三更半夜擾人清夢，不然會變
成被封鎖的對象！通常盡量設定在中午 12 點過後或晚上 9 點左右，用戶也可以根
據一般客戶的習慣來調整時間，例如早餐店可選在早上 8 點左右發送，因為這是
一般上班族或學生買早餐的時間，如果是販賣消夜點心，當然不適合在清晨發送
訊息，下午或晚餐後可能更適宜些。

　　如下圖所示，當好友收到訊息時，點選訊息就能看到你所發送的內容了！

 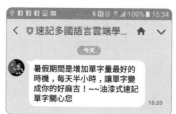

10-2-11　一對一聊天

當客戶收到所發送的行銷訊息，如果有興趣或有疑問，隨時都可以和店家進行一對一的聊天。一對一聊天的最大好處就是能夠即時且快速的回覆客人問題，而且也可以傳送相片、直接拍照、回覆語音、或是傳送位置訊息等。

商家收到客戶的詢問，可以馬上給予回覆。按下方的「+」鈕也能傳送相片、直接拍照、回覆語音、或是傳送位置訊息

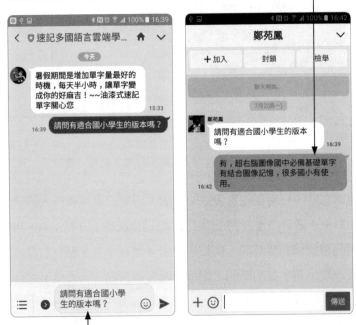

客戶在此輸入訊息，即可和商家進行溝通

特別是店家在與客戶一對一聊天時，上方還有「+加入」的按鈕可將客戶加入好友之中。店家用心回覆客戶的問題是擄獲人心的秘訣，如果能讓顧客感覺到受重視和被關注，就能讓客戶對店家產生信任與好感。若店家想要查看之前與客戶的對話內容，可以從手機的「聊天」標籤中，直接點選好友的大頭貼就可以查看對話內容。

　　一對一的聊天模式，目前在手機上或電腦管理後台都可以操作，雖然可以隨時回應客戶的問題，但若不希望三更半夜或休假日時間也有人詢問而造成困擾，可以設定回應的時間。

　　請由「管理」標籤按下「回應模式」鈕，顯示右下圖的畫面，接著點選週一到週日的藍色線條，即可編輯 1 對 1 聊天可對應的時間。要注意的是，「1 對 1 聊天」和「自動回應」同時間只能擇一，當各位關閉 1 對 1 聊天功能，系統就會自動切換至自動回應模式。

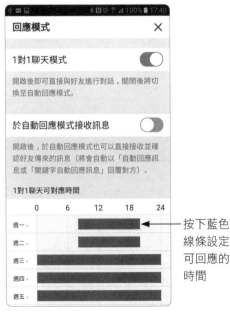

按下藍色線條設定可回應的時間

本章 Q&A 練習

1. 請簡介 LINE 提供的三種加好友方式？

2. 請簡述如何加入「LINE@ 生活圈」帳號。

3. 請簡介 LINE@ 生活圈的功能。

4. 請問如何將 Line 訊息一次傳給多人？

5. 請說明網路電話（IP Phone）的原理。

6. LINE@ 電腦管理後台有哪些手機所沒有的功能？

7. 什麼是 LINE 的最大特色？

8. 當各位店家在註冊一般帳號並進入 LINE@ 手機管理介面後，可以看到哪幾個標籤？

9. 請問「狀態消息」的位置與功用。

10. 客戶的資料加入到 LINE@ 好友有幾種方式？

蝦皮拍賣社群
最霸氣的業績提高術

11

- ▶ 註冊蝦皮帳號
- ▶ 商品上架流程
- ▶ 賣場管理技巧
- ▶ 上架與行銷要領

網路拍賣社群商機不但延燒到手機，也改變了消費者的生活型態，現在只需一台智慧型手機，上網拍賣也可以在指尖滑動之間完成。例如快速崛起的蝦皮（Shopee）購物 App，超過 1,200 萬人次下載，也成為 App Store 年度最佳 App 購物類別冠軍。蝦皮購物 App 是一個供買賣雙方線上交易的免費 App 軟體，利用行動購物 App 低成本且流通速度快的優點，使經營成本降到最低，只需要 30 秒即可快速將商品上架，標榜「隨時隨地，隨拍即賣！讓拍賣就像 po 文一樣簡單」。蝦皮拍賣社群開始上市時提供免上架費、免手續費給使用者，還會透過臉書粉絲團與廣大賣家互動，並輔導賣家在網路上成功做生意，完全跳脫一般拍賣市場的複雜程序，並提供值得信賴的付款機制、物流服務，與黑貓宅急便合作推出「免運費」的服務，以及友善的操作介面，讓你隨時隨地都能輕鬆享受購物與開店的樂趣。

蝦皮購物為東南亞及臺灣最大的行動購物平台

對於網路開店的新手來說，當然要挑選一個好的平台才可以讓好的商品可以順利推廣行銷，想要輕鬆運用拍賣平台來販賣與行銷商品，「蝦皮購物」將是一個不錯的選擇，一方面是因為蝦皮的用戶多、超商取件容易、可即時線上溝通、能隨時掌控商品運送情況、買賣雙方都有保障，再加上能輕鬆使用手機上架商品，讓網路新手也能簡單開店做老闆，基於上述的優點，因此推薦用戶使用蝦皮來拍賣商品。

11-1 註冊蝦皮帳號

蝦皮拍賣是新崛起的拍賣平台，如何從蝦皮產生更多商機？如果還沒有使用過蝦皮購物，首先註冊一個蝦皮帳號！要註冊成為蝦皮購物的會員，請從個人電腦連結到蝦皮購物的官網「https://shopee.tw/」，按下官網右上角的「註冊」鈕，

先輸入手機號碼取得驗證碼後，依序輸入手機驗證碼、使用者帳號、密碼、圖畫中的數字，再按下「註冊」鈕進行註冊即可。

❶ 按此鈕進行註冊

❷ 輸入手機號碼取得驗證碼

❸ 依序輸入手機驗證碼與其他相關資料

❹ 按此鈕進行註冊

假如你想使用智慧型手機來進行蝦皮購物或開店，必須要下載蝦皮購物App，請自行到 Google Play 或 App Store 商店搜尋「蝦皮購物」，完成安裝動作後會看到如右下圖的畫面，按下「開始囉！」鈕就能進入蝦皮購物網站。

按此鈕進行安裝

安裝完成按此鈕開始囉！

進入蝦皮購物 App 後，由畫面下方切換到「我的」頁面，即可進行「登入」或「註冊」。

11-1-1 「個人拍賣」與「蝦皮商城」

拍賣社群平台的出現不但降低商品曝光成本、還提升了商品的觸及率，例如蝦皮拍賣社群依據規格的不同，大致上分為「個人拍賣」與「蝦皮商城」兩種類別，其最大優勢就是提供賣家低成本加上介面簡潔好用的通路，並且提供較優惠的運費價格。「個人拍賣」只要註冊成為蝦皮會員後即可使用，適合網路新手或個人賣家使用。「蝦皮商城」則是提供給具有公司行號身分的品牌或店家使用，所以申請時必需經過審核才能標示「商城」的圖案，它擁有三大保證特點：15 天鑑賞期、正品假一賠二、退貨無負擔。再加上簡潔的金流和物流等，能滿足消費者對品質和服務的多元需求。

必須經過審核的公司行號才能標註「商城」的圖案

個人拍賣只需是蝦皮會員即可使用

👥 11-2 商品上架流程

蝦皮拍賣社群是最新崛起的拍賣平台，一直致力於提升品質和形象，銷售商品就是販售個人風格。由於用戶面對的都是沒溫度的電商拍賣系統，如何從蝦皮產生更多商機，賣家首先要學習如何能找出產品的特色與區隔。用戶成為蝦皮的會員後，就可以準備開店所要拍賣的相關商品。對於新手來說，在此先將拍賣流程做個簡單的說明，讓用戶心中有個藍圖。

以手機上架商品為例，除了首次增設商品需要驗證商家資訊，驗證完成後才能開始上架商品，之後再新增商品就不需再驗證手續。

11-2-1 登入會員

第一次在「蝦皮購物」App 登入會員後，除非用戶有進行「登出」的動作，否則只要在手機桌面按下「蝦皮購物」的圖示鈕，就能直接管理你的拍賣商品。

手機按此鈕就直
接登入會員囉！

11-2-2　首增商品與驗證賣家

　　蝦皮拍賣社群吸引用戶的主要原因是能提供用戶更直覺的行動網拍體驗，賣家可以簡單在手機上刊登物品，買家也可以輕鬆下單。第一次拍賣商品時，蝦皮會要求賣家先輸入個人資料與銀行帳號，目的是在驗證賣家所填寫的資料是否正確，同時整合銀行系統，以便將來把拍賣所得的款項匯入指定的銀行帳號。請切換到「我的」頁面，在「銷售中」的標籤中按下「增加新商品」鈕，就會看到右下圖的畫面，你可以選擇從「相機」、「照片」、或是「Instagram」來新增商品相片。

　　不管你選擇哪一種新增商品的方式，蝦皮會先跳出「輸入驗證碼」的畫面，請將手機簡訊所收到的六位數字認證碼輸入，按「繼續」鈕顯現「使用者資訊」，再依序輸入個人姓名、身分證字號、生日、戶籍地址等資料，按「下一步」鈕。

接下來輸入電子郵件帳號，並點選「主要商品類型」，從蝦皮提供的 12 種類別中選擇適合你商品的類型，完成商品類型的設定後，才能按「下一步：新增銀行帳號」鈕設定個人的銀行帳戶資料。

點選「完成」送出賣家的驗證資料，就可以按下「我要上架商品」來上傳商品，如右圖所示。

成功送出賣家驗證資料

謝謝你提供賣家驗證資料！你可以開始上架商品了～

我要上架商品！

11-2-3 上傳商品

上傳商品是指加入商品相片和商品資料的說明，步驟相當簡單，只要拍照上傳、簡單描述商品、進行定價，就可成功將商品上架，讓消費者可以馬上知道商品的特點與外貌。蝦皮的上傳商品相當簡而單便捷，因為有內建相片編修功能，

能讓用戶快速透過濾鏡來調整相片的缺失，舉凡色彩、明暗度、對比、剪裁等，讓相片呈現較佳的視覺效果。

用戶要上傳商品請切換到「我的」頁面，由「銷售中」標籤按下「增加新商品」，接著選擇商品圖片上傳的方式。

此處我們以「照片」作為示範，由於蝦皮購物的風格傾向大膽直接，建議盡量選取俏皮有趣的相片，多花一點時間在照片設計與商品展示上，對價格與銷售量絕對有正面幫助。點選「照片」後，會先要求允許啟動相簿功能，以便存取裝置中的相片、媒體和檔案，接著由用戶相簿中選取要上傳相片，此階段可以利用蝦皮所提供的各種編修功能來進行相片的編修，如右下圖所示：

「剪裁」頁面可以修剪相片

此頁面可以針對相片的明暗、對比等進行調整

蝦皮的相片編修功能相當簡單，用戶可以直接點選上排的縮圖來套用，也可以點選下方的功能鈕進入該功能進行調整。以明暗度的編修為例，點選 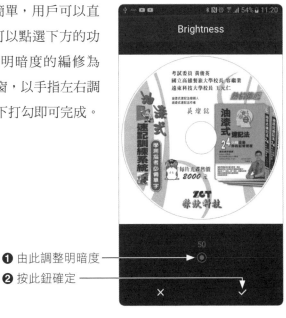 鈕後進入如右圖視窗，以手指左右調整滑鈕即可改變明暗，確定後按下打勾即可完成。

❶ 由此調整明暗度
❷ 按此鈕確定

接下來是商品名稱、商品說明、類別、價格、數量、規格、包裹尺寸、運費等資料的設定，請依照商品進行設定。另外還要設定商品物流，賣家可以選擇便利超商、宅急便、中華郵政等方式，並決定買家是否需要負擔運費。

11-2-4 提交上架

留住與尋找客戶將是各網拍店家經營的第一
目標，當各位儲存上述的商品資料後，商品就會
提交上架至蝦皮賣場，此時會出現如右圖的畫
面，賣家可以透過 LINE、Messenger、Facebook、
Instagram 等社群軟體來分享商品給朋友。用戶
可以馬上在此進行分享，也可以稍後再從商品右
上角按下 ⋮ 鈕，選擇「分享」的動作。

👥 11-3 賣場管理技巧

在網路上創業，雖然不是件簡單的事，但由於社群平台的盛行，讓網拍電商
們有了全新的行銷管道，能夠讓商品行銷資訊快速的傳遞給平台上眾多的潛在客
戶。當用戶將商品上架後，一定想要知道賣場刊登的情況。要查看你的賣場，
請在「我的」頁面中切換到「銷售中」的標籤，向下方移動會看到「查看我的賣
場」的選項，如左下圖所示，點選賣場網址就可以看到賣場上的所有商品，如右
下圖所示。

點選縮圖
即可查看
商品資訊

　　點選商品的縮圖後可看到該項商品的相關資訊，包括相片、價格、評價、銷售量、商品詳細資訊等。這裡所看到的內容即為其他買家所看到的內容，由此檢視可確認所販賣的資訊是否有誤。

11-3-1　修改商品資訊

商品上架後，如果發現內容有誤，想要更換相片、修改數量、商品資訊、價格等，都可以再次編輯修改，讓商品資訊更為完善。進行修改時，可在商品的右上角按下 ⋮ 鈕，由顯示的功能表中點選「修改商品」指令，就能回到原先的編輯的畫面進行編修。

此外，也可以從「賣家小幫手」進入，點選「賣家小幫手」中「我的商品」，再從商品清單中按下「編輯」鈕進行商品資料的編輯。而透過賣家小幫手也能對商品進行下架或刪除。

❶ 點選我的商品

❷ 按下「編輯」鈕編修商品資訊

🫂 11-4 上架與行銷要領

雖然蝦皮上架的步驟很簡單，賣家只要將商品拍照後，輸入商品資訊就可以進行拍賣。但是要讓商品具有吸引力，上架時的一些行銷「眉角」不可不知，此處將針對該注意的要領進行分享。

11-4-1 多元化商品相片

美觀吸睛的相片是成交的開始，也會增加售出的機會，沒有買家會對乏味無趣的相片有興趣。商品上架時，蝦皮允許每項商品最多可以新增 9 張照片。放入較多的相片可以讓消費者更加了解商品內容，增加商品被選購的機會。每張相片檔案大小不得超過 2.0MB，常用的格式為 *.jpg 或 *.png，照片尺寸的最佳比例為正方型 640 x 640，如果不是正方形就要經過裁切。想要新增其他的相片到上架的商品中，只要進入「修改商品」的畫面裡，按下封面照片旁的「+ 加入照片 / 影片」鈕即可進行拍照或選取現有的檔案。

按此鈕加入更多的相片影片，有助於消費者更了解商品

新增加的相片如果需要進行裁切、明暗、對比、飽和、模糊等調整，只要點選已加入的相片縮圖，就會看到如下的功能選單，選擇「編輯」指令，即可進入蝦皮內建的編修功能進行調整，以提升商品相片的質感。

❶ 點選已加入的相片

❷ 執行「編輯」指令進行
相片編修

不要的相片可
按此進行刪除

11-4-2　商品中加入影片檔

　　在這講究視覺體驗的年代，影片行銷近十年來開始成為消費者導流的重要方式，影片比靜態廣告更容易吸引消費者的注意，善用「影音」素材，不只容易吸睛，行銷效果更能事半功倍。除了在商品中加入更多元化的相片來輔助商品說明外，蝦皮也允許賣家加入影片檔，不過一個商品中只能放入一段影片，後加入的影片會蓋過前面的影片，而加入的方式和相片一樣。

❷ 按此鈕即可加入
至商品中

❶ 按右上角勾選要
加入影片縮圖

　　當你在上方的畫面中勾選影片並確認後，會進入如下的「剪輯影片」畫面，因為蝦皮只允許 60 秒的影片長度，如果影片過長，可在此視窗中進行修剪。

按此鈕完成剪輯動作

影片預覽

拖曳此鈕設定影片開始的位置

顯示影片剪輯後的總長度

拖曳此鈕設定影片結束的位置

如想刪除影片檔，一樣是點選影片縮圖，即可選擇「刪除」的指令！

11-4-3 描述商品特色與資訊

詳細的商品描述主要是讓買家知道更多的商品訊息，特色優點描述得越詳盡，越能勾起買家的購買慾，當買家一錯過通常很難再回頭購買。最好的經營的方式是一個商店只賣同類型主題商品，這樣可以增加被客戶列為觀注名單的機會。所以賣家必須用心的編寫此處內容，盡量以顧客的角度來思考，有利於買家的特點儘可能在此表達出來。

另外要對商品加入關鍵字，方法很簡單，鍵入「＃」符號後輸入與商品有關的關鍵字即可，然後會變成橘色的標籤文字，能讓消費者在搜尋商品相關文字時，帶出你的商品。這個目的是讓買家可以在千萬種商品中，迅速找到有興趣的目標，簡單來說，只要加入「＃」標籤就能增加商品的曝光機會。

商品特色優點要仔細說明

輸入「#」加上商品關鍵文字，它就會變成橘色字，方便買家搜尋

官方推薦的商品類別

除了賣家自行輸入的商品資訊外，蝦皮也有對各項商品進行分類，讓上架的商品可以迅速找到合適的類別。所以盡可能選擇合適的類別，如果描述的商品與類別不相符，蝦皮會將商品下架。

11-4-4　賣場大頭貼與封面照片

開店做生意，此為非常重要的區域，簡單說就是商店的門面，透過賣場大頭貼照或封面照片可以快速營造賣場風格，不僅代表形象，同時也是透露行銷資訊的重要管道。當買家瀏覽賣場時，看不到大頭貼或封面照片，可能抱持猶豫的態度，不確定賣家是否可靠。

蝦皮預設的封面相片與大頭貼照，看不到賣家的相片會讓買家感覺不可靠

要將預設的封面照片更換成賣場的封面相片，請點選「我的」👤頁面，然後點選封面相片後會進入「修改個人資訊」的頁面，再次點選風景相片即可顯示相簿選取新的圖片。

點選風景相片即可進行更換

由相簿中選取相片後可以進行剪裁，裁切成最好的畫面效果後，按下右上角的橙色勾勾即可完成更換的動作！

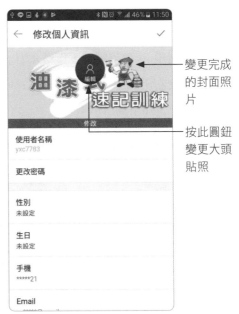

變更完成的封面照片

按此圓鈕變更大頭貼照

變更完封面照片後，接下來按下中間的的藍色圓鈕變更大頭貼照，操作技巧同上，變更完成後，其他買家所看到的賣場將如右下圖所顯示的效果。

11-4-5 編輯「賣場介紹」

除了剛剛的賣場封面與賣場大頭貼之外，要讓買家們對賣家有更完整的了解，必須用心編輯「賣場介紹」，版面務必要整齊美觀，把相關的出貨時間、連絡與客服方式或是想對客戶說的內心話放上去，這些都是增加客戶對商店形象與產品信任度加分的小秘訣。請切換到「我的」👤頁面，由「銷售中」的標籤裡點選「賣家小幫手」，接著點選「賣場介紹」的選項，就能進入「編輯賣場介紹」的頁面，可以在右下圖中加入相片、影片與說明文字，讓買家們瀏覽賣場時，能對賣場更有信心。如下圖所示：

當透過前面介紹的技巧編寫與上傳賣場的相片 / 影片後，當其他買家瀏覽賣場時，就可以看到相關賣場介紹！

依前面介紹的技巧上傳相片或影片，並輸入介紹賣場的文字

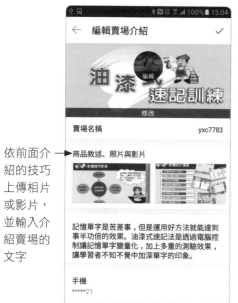

其他買家瀏覽你的賣場時，就會看到你的賣場介紹

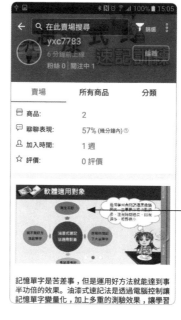

11-4-6　賣家小幫手

蝦皮為了協助賣家管理賣場的大小事務，特別增設了「賣家小幫手」的功能，此功能可協助賣家管理訂單、買家資訊、介紹賣場、或是一些重要功能的開啟等。請切換到「我的」頁面，由「「銷售中」的標籤裡點選「賣家小幫手」，就會看到如下的五個項目。

這裡將「賣家小幫手」可幫忙的事項做個簡要的說明，讓小幫手有機會為用戶賣場服務。

我的商品

點選「我的商品」後，會將賣家的商品依照「最新商品」、「人氣商品」、「商品數量」、「已售完」、「未上架」等類別顯示，由此處也可編輯、下架或刪除商品。

我的顧客

點選「我的顧客」後，可以觀看有哪些瀏覽者曾經與你交易過，而點選使用者名稱可看到對方曾經買過哪些商品。

賣場介紹

點選「賣場介紹」可以重新設定賣場名稱、加入賣場相片、影片，以及賣場的文字介紹。如左下圖所示。

賣場設定

點選「賣場設定」後，可以設定是否開啟接受議價、允許買家電話聯繫、使用信用卡付款，與休假模式等功能，例如允許買家電話聯絡就是買家可以留下賣家的手機聯繫方式，一定要保留暢通管道讓客人有反應的機會。如右下圖所示。

⋯⋯⋗ 賣場分類

　　點選「賣家分類」後會跳出如圖的說明視窗，如果點選「開啟瀏覽器」就會在手機上開啟瀏覽器並連結到蝦皮官網的「我的賣場分類」。此部分建議使用電腦操作會比較恰當！

確定以此瀏覽器開啟賣家中心的賣場分類？提醒你並非所有賣家中心的功能都能在行動裝置上使用

　　　　　　取消　　開啟瀏覽器

本章 Q&A 練習

1. 請簡介蝦皮拍賣社群。

2. 如何開始註冊蝦皮帳號？

3. 蝦皮拍賣社群可以分為哪兩種類別？

4. 請簡述如何上傳商品。

5. 請簡單說明如何查看用戶賣場？

6. 如何對新增加的相進行調整？

7. 請問如何對商品加入關鍵字？

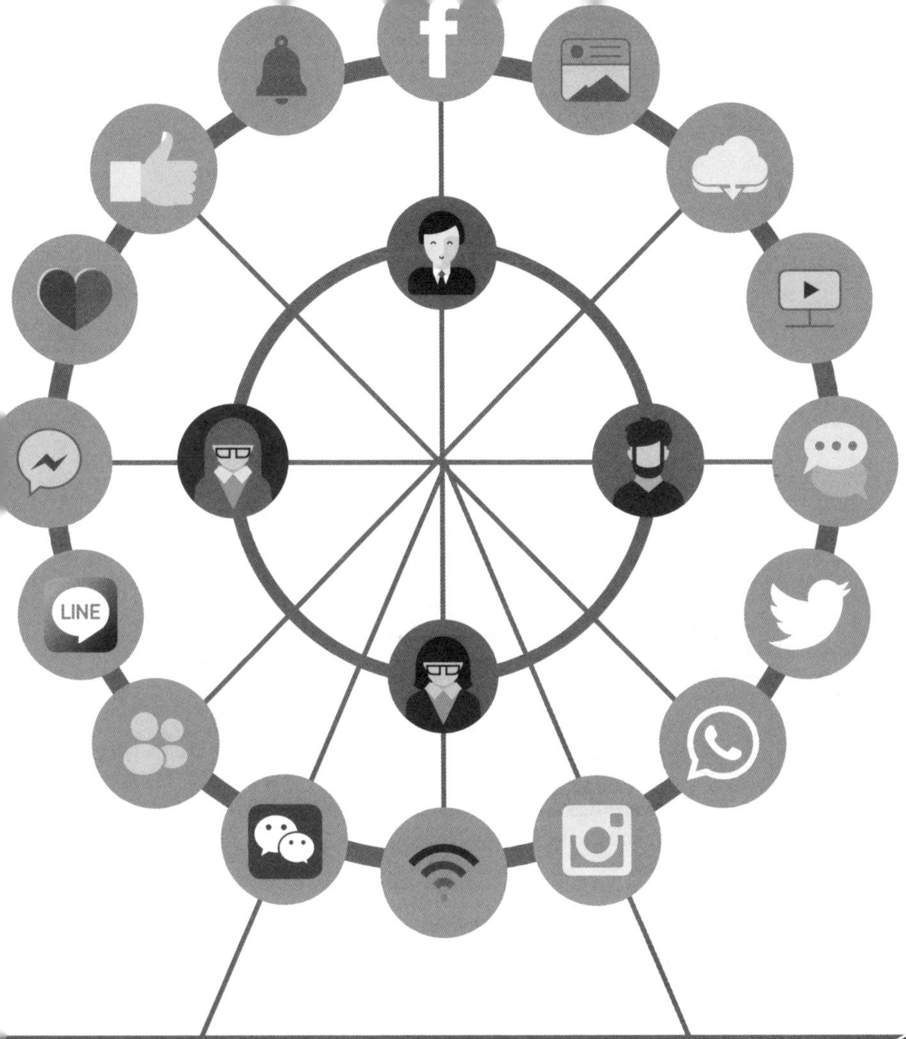

影音社群行銷

打造集客瘋潮的微電影製作

12

- ▶ YouTube 影音社群王國
- ▶ 微電影行銷與製作
- ▶ 微電影製作不求人

由於網路科技的不斷進步，網路行銷產業變動得非常迅速，靜態廣告轉化為動態的影音行銷成為勢不可擋的時代趨勢。隨著早期影音部落格的大量興起，影片能夠建立企業與消費者間的信任感，加上社群影音內容播放機制的建立與開放，特別是在 YouTube 社群媒體中，影片不但是關鍵的分享與行銷媒介，更開啟了大眾素人影音行銷的新視野。

📶 優酷網是中國大陸最大的影音網站

👍 **TIPS**

影音部落格（Video web log, Vlog），也稱為「影像網路日誌」，相關主題非常廣泛，是傳統純文字或相片部落格的衍生類型，每個人都能將自己當成主角，允許網友利用上傳影片的方式來編寫網誌或分享作品。

　　現在邁入數位影音行銷時代，企業為了滿足網友追求最新的閱聽需求，透過專業影片拍攝與品牌微電影的製作方式，可以讓影音視覺在第一秒抓住大眾的目光，行銷商品能以更多元方式呈現，還可透過影音行銷直接增加的雙方參與感和互動，開拓全球網路商機，影音社群行銷絕對是必備行銷工具。

👥 12-1 YouTube 影音社群王國

在 YouTube 影音社群上有超過 13.2 億的使用者，每天的影片瀏覽量高達 49.5 億，使用者可透過網站、行動裝置、網誌、臉書和電子郵件來觀看分享各種五花八門的影片，全球每日觀看影片總時數超過上億小時，也可以讓使用者上傳、觀看及分享影片。在這波行動裝置熱潮所引領的影片行銷需求，目前全球幾乎有一半以上 YouTube 使用者是在行動裝置上觀賞影片，已經成為現代人生活中不可或缺的重心。

YouTube 片頭廣告效益相當驚人！

還有許多的廣告區塊，讓廣告發揮最大的效益

🛜 YouTube 片頭廣告是廣告主不錯的選擇

各位可曾想過 YouTube 也可以是店家影音社群行銷的利器嗎？當企業想要在網路上銷售產品時，還不如讓影片以三百六十度的方式來呈現產品規格與實體樣貌，從去年的微電影到今年的病毒影片，YouTube 行銷模式已明顯進入了網路行銷市場卡位戰。企業透過 YouTube 可以作為傳播品牌訊息的通道，提供消費者實用的資訊，還可以拿來投放廣告。因此許多企業開始使用 YouTube 影片投放付費廣告活動，根據影片的點擊次數，來向店家收取廣告費，如此不但能更有效鎖定目標對象，還可以快速找到有興趣的潛在消費者。

12-1-1　YouTube 影片搜尋

　　YouTube 是目前全球最大影音流量平台，吸引一群伴隨網路成長的世代，只要能夠上網，每個人都可以尋找有關他們嗜好和感興趣的影片，只要註冊，使用者就能在 YouTube 社群上傳自己發現或製作的影片。在 YouTube 上要搜尋一段影片相當簡單，甚至有許多搜尋的動作是透過 YouTube 而非 Google，只要輸入欲查詢的關鍵字，查詢結果會先跑出完全符合或部分符合關鍵字的影片，如下圖所示：

在此輸入要搜尋的關鍵字，就會跑出一連串完全符合或部分符合關鍵字的影片！

　　如果各位想要更精確的搜尋結果，建議先輸入「allintitle:」，後面再接關鍵字，就會讓搜尋結果更加符合你所要搜尋的結果，如下圖所示：

12-1-2　YouTube 影片下載

　　YouTube 內的影音資源相當多，當中不乏許多優質的影音的作品，所有影片都必須上網連線才能觀看。對於長期使用 YouTube 影音空間服務的使用者來說，當看到喜愛的影片時，在不侵犯他人著作權的前提下，我們可以利用如 Freemake Video Downloader 之類的影片下載軟體來進行下載保存。以 Freemake Video Downloader 為例，它是一套免費的軟體，可以從 YouTube 下載視訊影片及設定成自己想要的視訊格式，其下載網址為：http://www.freemake.com/tw/free_video_downloader/。

Freemake Video Downloader 下載網頁

有些網站還直接提供 YouTube 影片下載的功能，讓用戶不用下載任何程式即可下載影片。這些網站下載 YouTube 影片的作法大同小異，不外乎事先取得 YouTube 影片網址，再將網址複製到的指定位置，最後再按下載鈕就可以開始下載。此處提供一個更簡便的方式來下載 YouTube 影片，下載方式如下：

先找到有興趣的影片

顯示該影片網址後，以滑鼠將「YouTube」後方的「ube」三
個英文字母刪除，然後按「Enter」鍵前往 yout.com 網站

❶ 設定要下載的格式，按此鈕進行下載

❷ 稍等一下就可以在「下載」的資料夾中找到剛剛下載的影片

於該影片圖示點擊右鍵並執行「開啟檔案」指令，再選擇以「Windows Media Player」開啟影片，就可以觀看影片內容！

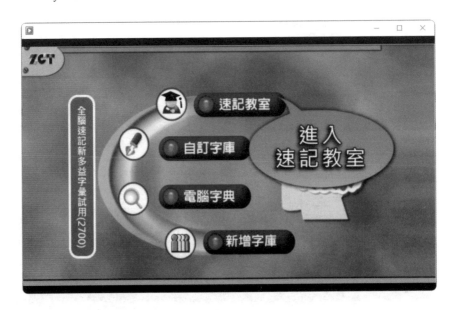

12-2 微電影行銷與製作

隨著 YouTube 等影音社群網站效應發揮，許多人利用零碎時間上網看影片，影音分享服務早已躍升為網友們最喜愛的熱門應用之一，在影音平台內容推陳出新的時代，更創造出許多新興的服務模式，特別是在日常生活中，人們的視線已經逐漸從電視螢幕轉移到智慧型手機上，伴隨著此一趨勢，行動端廣告影片迅速發展，影片所營造的臨場感及真實性確實更勝於文字與圖片，靜態廣告轉化為動態的影音行銷就成為勢不可擋的時代趨勢。

<img> 一部好的微電影能夠真正溫暖顧客的心

12-2-1 微電影的魅力

在一個講求效率的行動時代，較少人有興趣在手機上看數十分鐘甚至一小時以上的影片，影片必須要在幾秒內就能吸睛，長度不宜過長（60~120 秒為佳），只要影片夠吸引人，就可能在短時間內衝高點閱率。近幾年蘊育出一種很流行的行銷方式，就是「微電影廣告」。「微電影」（Micro Film）是指在一個較短時間且較低預算內，把故事情節或角色 / 場景，以新媒體傳達其意念或品牌，適合在短暫的休閒時刻或移動的情況下觀賞，尤其是近幾年智慧型手機與平板電腦的普及，微電影具備病毒式傳播特性下，更強化了微電影行銷的蓬勃發展。

<img> 新加坡旅遊局所拍的微電影廣告

微電影不僅可以是一部小而美的電影，更可以融入企業與產品宣傳，網友總愛說：「有圖有真相。」，只要影片夠吸引人，就可能在短時間內造成轟動或是成為新聞話題。很多企業也紛紛趕搭微電影行銷的列車，期望在網路與行動傳播媒體中，提升自家產品或品牌的知名度。

　　現在講行銷，不打出情感牌，大家都會笑你不懂行銷，越來越多的品牌熱衷於「帶感情講故事」，特別是當把影片以述說一個故事的手法來呈現時，相較於一般的企業宣傳片，微電影的劇情內容更容易讓人接受，更容易大幅提升產品或品牌的知名度，相較於一般的企業宣傳片，此時影片不再是產品用來說故事的機器，而是消費者參與其中自行創作故事的工具，消費者參與使產品訊息更為真實可信，很自然在消費者的心中淡化企業品牌或產品的商業色彩。

「母親的勇氣」微電影廣告帶來超高的點擊率

　　例如大眾銀行在 2010 年推出的微電影「母親的勇氣」，描述一位完全不會英文的臺灣鄉下母親，排除萬難獨自飛行三天，千里迢迢搭機到半個地球以外的委內瑞拉，只為了照顧坐月子的女兒，讓許多人看到熱淚盈眶，也成功打響了大眾銀行是關心平凡大眾的親民品牌形象，這也是微電影行銷小兵立大功的成功實例。

12-3 微電影製作不求人

　　微電影行銷成功秘訣包括兩點，宣傳平台與內容製作。微電影不需要高額製作傳播費用及具有病毒式傳播的效益，一般多選擇在免費的網路平台播出，如果想要利用微電影來達到訴求目的與宣傳效果，內容與傳達對象須規劃清楚。此外焦點的引導與整體氛圍的安排也必須投入更多的心力，如此才可能在眾多的影片當中脫穎而出。

　　相較於一般的企業宣傳片，微電影的內容更容易讓閱聽者接受，目前微電影內容與觀眾溝通的方式不外乎二種：一種是以情感故事作為訴求，透過一系列的劇情來打動觀賞者的認同感，串聯起品牌行銷的故事，進而能與觀眾產生共鳴的內容。本質上微電影就是部另類呈現方式的廣告，娛樂仍是吸引觀眾主要的接受型式，我們知道影音廣告行銷要能夠吸引人，除了視覺表現之外，愈是搞笑、趣味或感動人的情節，就愈容易吸引網友轉寄或分享，創造話題性及新聞價值，才能加深網友黏著度。

🛜 榮欽科技製作的油漆式速記法微電影短片

另外一種方式則是透過主題式的情節來完整闡述所要表現的目的和想法,及經由置入性的行銷來達到推廣其商品或服務的目的,讓原本的廣告模式既可以說想說的話題,又能夠達到產品的呈現。接下來我們將以「油漆式速記多國語言雲端學習系統」為主題,透過微電影製作模式,把「用手機玩單字,走到哪玩到哪」的主題理念傳達出去,讓學生或上班族都可以透過智慧型手機,隨時隨地都能增加自己英文單字的能力。

產品簡介

油漆式速記多國語言雲端學習平台(http://pmm.zct.com.tw/trial/):是一套結合速讀和速記訓練,加上多感官刺激,並強調「大量、全腦、多層次」的學習精神,真正利用右腦圖像直覺聯想,與結合左腦理解思考練習,達到全腦學習的真正效果,目前推出的版本包括英文、日文、韓文、德文、法文、俄文、西班牙文、義大利文、泰文、越南文、印尼文、馬來文。

訴求重點

用手機玩單字,走到哪玩到哪:手機板 App,讓學生或上班族隨時隨地可以透過智慧型手機,利用短時間來速記大量英文單字,讓單調乏味的背單字過程在不知不覺中轉為長期記憶。

腳本說明

以一位小學生和上班族作為主角人物,號稱「單字二人組」。單字二人組不管是在麥當勞的速食店、文化中心的草坪,或是在捷運站、公車站等交通場所等車,都可以利用短暫的時間來速記單字。因此一系列的生活影片,將分別在餐飲店、休憩場所、交通站等地作拍攝。只要透過行動裝置就可以讓油漆式速記法來幫你速記不同語言的單字。期望透過這樣平凡的生活情節,讓小市民與學生也能產生共鳴,加深網友黏著度,只要平常利用零碎的時間也能輕鬆記下大量單字,學好各種語言。

行銷手法

由於油漆式多國語言速記系統是一套兼具速讀、速記、測驗、趣味遊戲的軟體，為了讓目標族群可以在短時間內看到影片訴求的重點，我們將在影片中穿插字幕，讓觀賞者知道影片的重點是「用手機玩單字」，影片區分出「單字二人組」、「走到哪玩到哪」等主題。另外會在系列影片後方加入「油漆式介面導覽」的畫面，讓目標族群可以快速了解軟體所提供重要功能，期望這樣的情節安排與規劃，可以引起學生和上班族的共鳴，進而群起效仿，達到善用短暫時間來增強個人的單字量的效果。

當目標族群認同這樣的理念，就能讓「油漆式速記法」在消費者的心中建立好感，進而促進購買的慾望與行為，如此就可以增加油漆式速記系列產品的銷售，間接提升產品的品牌知名度。藉由這種新媒體的運用，就能快速分享到各社群網站，如果能和各社群平台合作，靠廣告置入或是點擊收費，也可帶來不少的獲利。

拍攝與製作工具

為了方便觀眾可以支配零碎的時間，每個影片的長度不可過長，故事短片最好在 1~2 分鐘內完成，而廣告影片的時間可更短些，因為影片過長，在瀏覽與傳播的效果上會受影響，也會增加拍攝的成本。這裡選定小五學生與上班族作為主角，以數位攝影機拍攝「單字二人組」在不同場所下，利用手機進行速讀速記的情景。而軟體介面的導覽則是從智慧型手機將介面擷取後，再以動畫軟體串接而成的影片片段。完成如下的三段影片後，再以視訊剪輯軟體（建議威力導演或會聲會影都是不錯的選擇）做視訊的串接與輸出。

以數位攝影機拍攝的影片片段

VIDEO0014.3gp

VIDEO0017.3gp

油漆式介面導覽.wmv

以動畫軟體串接而成的影片片段

12-3-1 串接視訊

接下來我們將利用威力導演示範如何開始匯入媒體素材、串接影片片段、修剪素材、修改素材比例、變更時間長度、加入轉場特效等技巧，最後完成微電影的輸出，使影片上傳到 YouTube 網站。

請各位自行到訊連科技的官方網站去下載威力導演 17 的試用版本。網址：https://tw.cyberlink.com/downloads/trials/powerdirector-video-editing-software/download_zh_TW.html

各位將威力導演 17 安裝完成後，在桌面上就會看到「訊連科技威力導演17」的圖示鈕，按下  鈕即可看到威力導演的歡迎視窗。

歡迎視窗包括「時間軸模式」、「腳本模式」、「幻燈片秀編輯器」、「自動模式」、「360°編輯器」等五種模式，另外還可以設定影片的畫面顯示比例。

當影片與圖片素材都準備好後，請啟動訊連科技的「威力導演」程式，設定影片的畫面顯示比例為「16：9」，並選擇「時間軸模式」，我們準備透過「媒體工房」，將相關的素材一併匯入到威力導演之中備用。

❶ 點選「媒體工房」鈕　❸ 選擇「匯入媒體資料夾」指令

❷ 按下「匯入媒體」鈕

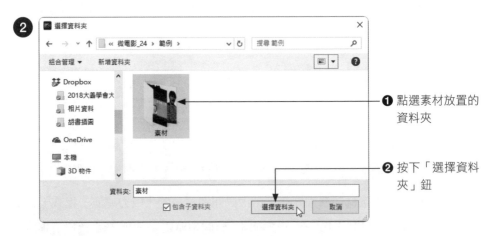

❶ 點選素材放置的資料夾

❷ 按下「選擇資料夾」鈕

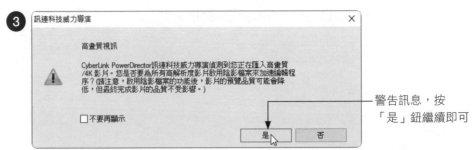

警告訊息，按「是」鈕繼續即可

所需的素材
都已匯入

12-3-2　腳本檢視模式

有了所需要的視訊與影像素材後，接著就是利用「腳本檢視模式」來粗略安排素材的先後順序。請執行「檢視 / 腳本模式」指令或是按鍵盤上的「Tab」鍵，切換到「腳本檢視模式」，再將素材縮圖拖曳到視窗下方的方框中就可完成。

❶ 點選素材縮圖

❷ 按此鈕將選取的素材加入

❷ 點選素材縮圖不放

❶ 剛剛的影像素材已　　❸ 直接拖曳到方框中，也
　顯示在腳本區中　　　　　可以安排素材順序

依序完成如圖的順序安排

12-3-3　修改素材比例

　　大略安排好素材先後順序後，按下預覽視窗上的「播放」▷鈕播放全片時，眼尖的朋友可能注意到，影片的寬度似乎不太一樣。如下圖所示：

　　這是因為素材的來源不同所造成的情形，如果各位也有這樣的困擾，那麼可以在選取素材後，利用「編輯 / 編輯項目 / 修改」指令來調整物件的比例。調整素材比例的技巧如下：

❷ 執行「編輯 / 編輯項目 / 修改」指令

❶ 點選素材縮圖

❷ 拖曳左右兩側的控制點，使畫面貼齊視窗大小

❶ 取消此項的勾選，使畫面不用維持原先的比例　　❸ 設定完成後按下「確定」鈕離開

❶ 畫面比例已變更完成,符合 16:9 的比例

❷ 同上方式完成另四個素材的比例變更

12-3-4 儲存專案

為了避免剛製作的專案內容因為不小心而化為烏有,最好先將檔案儲存,也方便將來的修改和轉存。

執行「檔案 / 儲存專案」指令

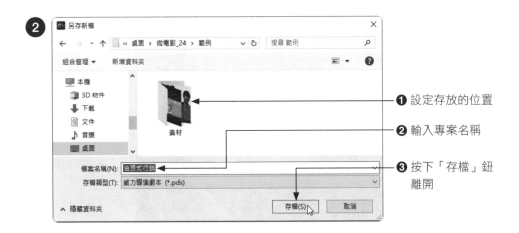

❷

❶ 設定存放的位置

❷ 輸入專案名稱

❸ 按下「存檔」鈕
離開

12-3-5 修剪視訊素材

加入的素材不可能每次都完美無缺，有時還是要經過一番修剪功夫，才能把精采完美的片段保留下來。想要修剪視訊片段，可在時間軸上按下 ✂ 鈕來修剪影片。

❷ 按此鈕修剪影片

❶ 點選此影片段

❷

❶ 切換到「單一修剪」標籤

❷ 移動播放磁頭到想要開始的位置

❸ 按此鈕設定為起始標記

❸
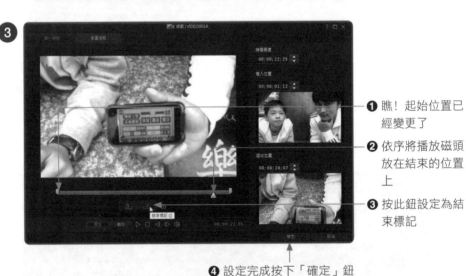

❶ 瞧！起始位置已經變更了

❷ 依序將播放磁頭放在結束的位置上

❸ 按此鈕設定為結束標記

❹ 設定完成按下「確定」鈕

修剪完成後，後方影片會自動跟著往前移，不會留下空白。

12-3-6 變更影像素材的時間

在威力導演中，加入的影像素材，其預設長度通常為 5 秒，若是想要增減影像素材的播放時間，可以透過「編輯/編輯項目/時間長度」指令來加以修正。請先按「Tab」鍵切換成「時間軸模式」，這樣可以清楚看到影片長度的變更。

❷「編輯 / 編輯項目 / 時間長度」指令

❶ 點選第一個影像素材

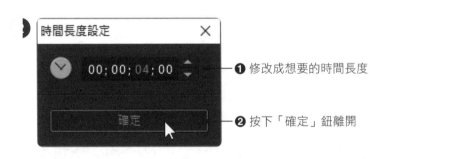

❶ 修改成想要的時間長度

❷ 按下「確定」鈕離開

同上方式完成另兩個影像素材的時間修改

12-3-7　加入轉場特效

為了讓每段影片的串接能夠有變化，可以利用「轉場特效工房」 來加入轉場效果。請按「Tab」鍵使切換到「腳本檢視模式」，以方便轉場效果的加入。

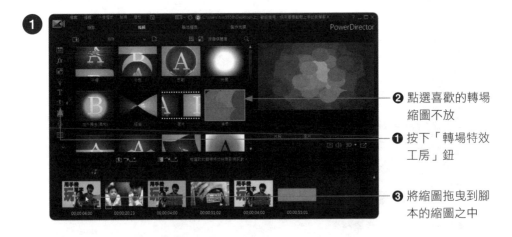

❷ 點選喜歡的轉場
縮圖不放

❶ 按下「轉場特效
工房」鈕

❸ 將縮圖拖曳到腳
本的縮圖之中

❶ 縮圖的左下角已加入轉場的圖示

❷ 同上方式完成其他轉場效果的加入

如果沒有太多時間選擇轉場效果，也可以直接在時間軸上按下 鈕，它會以隨機方式套用轉場效果，另外按下 鈕則是對全部視訊套用淡化的轉場效果。

12-3-8　上傳檔案至 YouTube 社群

當各位影片製作完成時，最後就是將微電影上傳到 YouTube 的社群網站，如此一來，世界各地的人都有機會看到各位完成的影片內容。要上傳影片到 YouTube 網站，先連上 YouTube 網站，只要用戶已登入 Gmail 帳號，按下視窗右上角的「上傳」 🎦 鈕，接著選取要上傳的檔案名稱即可進行上傳，如下圖所示：

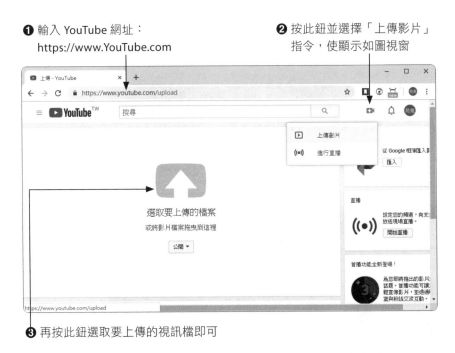

❶ 輸入 YouTube 網址：
https://www.YouTube.com

❷ 按此鈕並選擇「上傳影片」指令，使顯示如圖視窗

❸ 再按此鈕選取要上傳的視訊檔即可

威力導演的「輸出檔案」步驟中也有提供「線上」功能，讓用戶將剛剛編輯的微電影直接輸出到 YouTube、Vimeo、youku 等線上網站。此處我們就示範由威力導演上傳影片至 YouTube 的方式。

❸ 按下「YouTube」鈕　　❶ 點選「輸出檔案」步驟

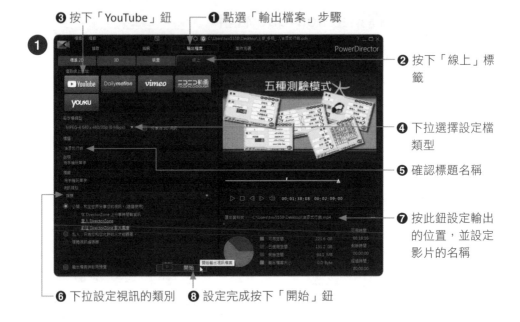

❷ 按下「線上」標籤

❹ 下拉選擇設定檔類型

❺ 確認標題名稱

❼ 按此鈕設定輸出的位置，並設定影片的名稱

❻ 下拉設定視訊的類別　❽ 設定完成按下「開始」鈕

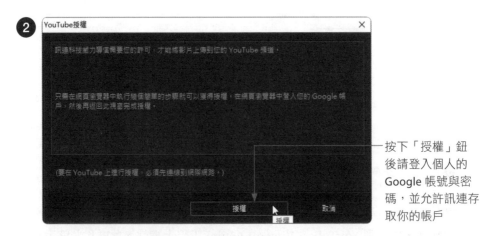

按下「授權」鈕後請登入個人的 Google 帳號與密碼，並允許訊連存取你的帳戶

3

顯示影片輸出與上
傳的狀態

稍待片刻，完成檔案的輸出與上傳後，按下左側的「查看您在 YouTube 上的
視訊」連結，即可進入你的 YouTube 網站了。

4

上傳完畢後按下此
超連結

看！影片上傳成功

 本章 Q&A 練習

1. 請簡介影音行銷。

2. 如何從 YouTube 網站上直接上傳視訊影片？

3. 如何在 YouTube 有更精確的搜尋結果？試簡述之。

4. 請簡述 YouTube 上讓影片爆紅的幾種原因？

5. 試簡介「微電影」。

6. 試說明目前微電影與觀眾溝通的方式有哪兩種？

7. 請說明如何在威力導演的軟體中，將編輯的影片上傳到 YouTube 網站上。

8. 試簡介影音部落格（Video web log, Vlog）。

MEMO

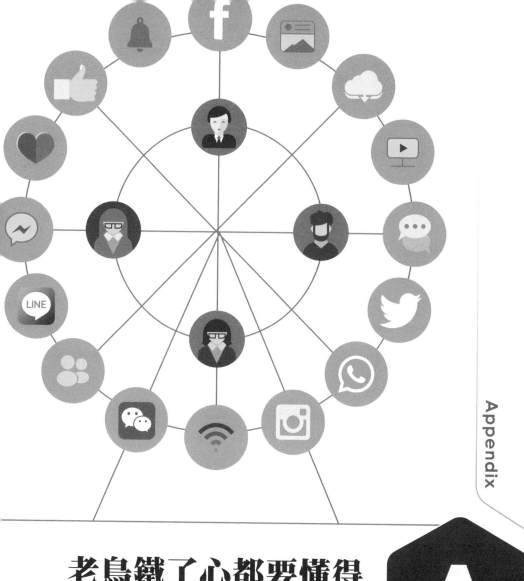

老鳥鐵了心都要懂得最夯行銷術語

A

每個行業都有該領域的專業術語，數位行銷業也不例外，面對一個已經成熟的數位行銷環境，若不是經常在電子商務領域工作的從業人員，對這些術語可能就沒這麼熟悉了，以下我們特別整理出這個領域中常見的專業術語：

- **Ad Exchange（廣告交易平台）**：類似一種股票交易平台的概念運作，讓廣告賣方和買主聯繫在一起，進行媒合與競價。

- **Advertising（廣告主）**：出錢買廣告的一方，例如最常見的電商店家。

- **Affiliate Marketing（聯盟行銷）**：廣泛被運用的廣告行銷模式，是一種讓網友與商家形成聯盟關係的新興數位行銷模式，廠商與聯盟會員利用聯盟行銷平台建立合作夥伴關係，讓沒有產品的推廣者也能輕鬆幫忙銷售商品。

- **Agency（代理商）**：有些廣告主對於廣告投放沒有任何經驗，通常會選擇直接請廣告代理商來幫忙規劃與操作。

- **App Store**：蘋果公司針對使用 iOS 作業系統的系列產品，讓用戶可透過手機或上網購買或免費試用裡面的 App。

- **Apple Pay**：Apple 的手機支付方式，只要使用該公司推出的 iPhone 或 Apple Watch（iOS 9 以上）相容的行動裝置，並將信用卡號輸入 Wallet App，經過驗證手續後，即可使用 Apple Pay 來付費，比傳統信用卡來得安全。

- **Application（App）**：軟體開發商針對智慧型手機及平板電腦所開發的應用程式，App 涵蓋的功能包括了圍繞於日常生活的各項需求。

- **Application Service Provider, ASP（應用軟體租賃服務業）**：透過網際網路或專線，以租賃的方式向提供軟體服務的供應商承租，定期僅需固定支付租金，即可迅速導入所需之軟體系統，並享有更新升級的服務。

- **Artificial Intelligence, AI（人工智慧）**：概念最早由美國科學家 John McCarthy 於 1955 年提出，目標為使電腦具有類似人類學習解決複雜問題與展現思考等能力，也就是由電腦所模擬或執行，具有類似人類智慧或思考的行為，例如推理、規劃、問題解決及學習等能力。

- **Asynchronous JavaScript and XML, AJAX**：是一種新式動態網頁技術，結合了 Java 技術、XML 以及 JavaScript 技術，類似 DHTML。可提高網頁開啟的速度、互動性與可用性，並達到令人驚喜的網頁特效。

- **Augmented Reality, AR（擴增實境）**：是一種將虛擬影像與現實空間互動的技術，透過攝影機影像的位置及角度計算，在螢幕上讓真實環境加入虛擬畫面，強調的不是要取代現實空間，而是在現實空間中添加虛擬物件，並且即時產生互動，各位應該看過電影鋼鐵人在與敵人戰鬥時，頭盔裡會自動跑出敵人路徑與預估火力，就是一種 AR 技術的應用。

- **Average Order Value, AOV（平均訂單價值）**：所有訂單帶來收益的平均金額，AOV 越高越好。

- **Average Session Duration, ASD（平均訪問時間）**：網站訪客平均單次訪問停留時間，這個時間越長越好。

- **Backlink（反向連結）**：是從其他網站連到你的網站的連結，如果你的網站擁有優質的反向連結（例如：新聞媒體、學校、大企業、政府網站），代表你的網站越多人推薦，當反向連結的網站越多、就越被搜尋引擎所重視。

- **Bandwidth（頻寬）**：是指固定時間內網路所能傳輸的資料量，通常在數位訊號中是以 bps 表示，即每秒可傳輸的位元數（bits per second）。

- **Banner Ad（橫幅廣告）**：最常見的收費廣告，自 1994 年推出以來就廣獲採用至今，在所有與品牌推廣有關的網路行銷手段中，橫幅廣告的作用最為直接，主要利用在網頁上的固定位置，至於橫幅廣告活動要能成功，全賴廣告素材的品質。

- **Beacon**：是種藉由低功耗藍牙技術（Bluetooth Low Energy, BLE）的室內定位技術應用，可作為物聯網和大數據平台的小型串接裝置，具有主動推播行銷應用特性，比 GPS 有更精準的微定位功能，是連結店家與消費者的重要環節，只要手機安裝特定 App，透過藍牙接收到代碼便可觸發 App 做出對應動作，包括在室內導航、行動支付、百貨導覽、人流分析，及物品追蹤等近接感知應用。

- **Big data（大數據）**：由 IBM 於 2010 年提出，不僅僅是指更多資料而已，主要是指在一定時效（Velocity）內進行大量（Volume）且多元性（Variety）資料的取得、分析、處理、保存等動作。

- **Bots Traffic（機器人流量）**：非人為產生的作假流量，即機器流量的俗稱。

- **Bounce Rate（跳出率、彈出率）**：是指單頁造訪率，也就是訪客進入網站後在固定時間內（通常是 30 分鐘）只瀏覽了一個網頁就離開網站的次數百分比，這個比例數字越低越好，愈低表示你的內容抓住網友的興趣，跳出率太高多半是網站設計不良所造成。

- **Breadcrumb Trail（麵包屑導覽列）**：也稱為導覽路徑，是一種基本的橫向文字連結組合，透過層級連結來帶領訪客更進一步瀏覽網站的方式，對於提高用戶體驗來說，相當有幫助。

- **Business to Business, B2B（企業對企業間）**：指的是企業與企業間，或企業內透過網際網路所進行的一切商業活動。例如上下游企業的資訊整合、產品交易、貨物配送、線上交易、庫存管理等。

- **Business to Customer, B2C（企業對消費者間）**：是指企業直接和消費者間的交易行為，一般以網路零售業為主，將傳統由實體店面所銷售的實體商品，改以透過網際網路直接面對消費者進行實體或虛擬商品的交易活動，大大提高了交易效率，節省了各類不必要的開支。

- **Button Ad（按鈕式廣告）**：是一種小面積的廣告形式，因為收費較低，較符合無法花費大筆預算的廣告主，例如 Call-to-Action, CAT（行動號召）鈕就是一個按鈕式廣告模式，它希望召喚消費者去採取某些有助消費的活動。

- **Buzz Marketing（話題行銷）**：或稱蜂鳴行銷，和口碑行銷類似，企業或品牌利用最少的方法主動進行宣傳，在討論區引起話題，造成人與人之間的口耳相傳，如蜜蜂在耳邊嗡嗡作響的 buzz，然後再吸引媒體與消費者熱烈討論。

- **Call-to-Action, CAT（行動號召）**：希望訪客去達到某些目的的行動，即希望召喚消費者去採取某些有助消費的活動，例如故意將訪客引導至網站策劃

的「到達頁面」（Landing Page），會有特別的 CAT，讓訪客參與店家企劃的活動。

- **Cascading Style Sheets, CSS**：一般稱之為串聯式樣式表，其作用主要是為了加強網頁上的排版效果（圖層也是 CSS 的應用之一），可以用來定義 HTML 網頁上物件的大小、顏色、位置與間距，甚至是為文字、圖片加上陰影等等功能。

- **Churn Rate（流失率）**：代表你的網站中一次性消費的顧客，佔所有顧客裡的比率，這個比率越低越好。

- **Click Though Rate, CTR（點閱率）**：或稱為點擊率，是指在廣告曝光的期間內有多少人看到廣告後決定按下的人數百分比，也就是廣告獲得的點擊次數除以曝光次數的點閱百分比，可作為一種衡量網頁熱門程度的指標。

- **Click Through Rate, CTR（點選率）**：在廣告曝光期間內有多少人次點閱該廣告，即點擊數除以廣告曝光數的百分比。

- **Click（點擊數）**：是指網路用戶使用滑鼠點擊某個廣告的次數，每點選一次即稱為 one click。

- **Cloud Computing（雲端運算）**：被視為下一波電子商務與網路科技結合的重要商機，雲端運算時代來臨將大幅加速電子商務市場發展，「雲端」泛指「網路」無窮無際的網路資源，代表了龐大的運算能力。

- **Computer Version, CV（電腦視覺）**：是研究如何使機器「看」的系統，讓機器具備與人類相同的視覺，以作為產品差異化與大幅提升系統智慧的手段。

- **Content Marketing（內容行銷）**：滿足客戶對資訊的需求，與多數傳統廣告相反，是一門與顧客溝通但不做任何銷售的藝術，重點在於如何設定內容策略，可以既不直接宣傳產品，達到吸引目標讀者，又能夠圍繞在產品周圍，並且讓消費者喜歡，最後驅使消費者採取購買行動的行銷技巧，形式可以包括文章、圖片、影片、網站、型錄、電子郵件等。

- **Conversion Rate Optimization, CRO（轉換優化）**：則是藉由讓網站內容優化來提高轉換率，達到以最低的成本得到最高的投資報酬率。

- **Conversion Rate, CR（轉換率）**：網路流量轉換成實際訂單的比率，訂單成交次數除以同個時間範圍內帶來訂單的廣告點擊總數，即從網路廣告過來的訪問者中最終成交客戶的比率。

- **Cookie（餅乾）**：小型文字檔，網站經營者可以利用 Cookies 了解使用者的造訪記錄，例如造訪次數、瀏覽過的網頁、購買過哪些商品等。

- **Cost of Acquiring, CAC（客戶購置成本）**：所有說服顧客到你的網店購買之前所有投入的花費。

- **Cost Per Action, CPA（回應數收費）**：廣告店家付出的行銷成本是以實際行動效果來計算付費，例如註冊會員、下載 App、填寫問卷等。畢竟廣告對店家而言，最實際的就是廣告期間帶來的訂單數，可以有效降低廣告店家的廣告投放風險。

- **Cost Per Click, CPC（點擊數收費）**：一種按點擊數付費的方式，是指搜尋引擎的付費競價排名廣告推廣形式，就是按照點擊次數計費，不管廣告曝光量多少，沒人點擊就不用付錢。例如關鍵字廣告一般採用這種定價模式，不過這種方式比較容易作弊，經常導致廣告店家利益受損。

- **Cost Per Impression, CPM（播放數收費）**：傳統媒體多採用這種計價方式，是以廣告總共播放幾次來收取費用，通常對廣告店家較不利，不過由於手機播放較容易吸引用戶的注意，仍然有些行動廣告是使用這種方式。

- **Cost Per Lead, CPL（每筆名單成本）**：以收集潛在客戶名單的數量來收費，也算是 CPC 的變種方式，例如根據聯盟行銷的會員數推廣效果來付費。

- **Cost Per Mille, CPM（廣告千次曝光費用）**：全文應該是 Cost per Mille Impression，指廣告曝光一千次所要花費的費用，就算沒有產生任何點擊，要千次曝光就會計費，通常多在數百元之間。

- **Cost Per Response, CPR（訪客留言付費）**：根據每位訪客留言回應的數量來付費，這種以訪客的每一個回應計費方式是屬於輔助銷售的廣告模式。

- **Cost Per Sales, CPS（實際銷售筆數付費）**：近年日趨流行的計價方式，按照廣告點擊後產生的實際銷售筆數付費，也就是點擊進入廣告不用收費，算是 CPA 的變種廣告方式，目前受到許多電子商務網站歡迎。

- **Coverage Rate（覆蓋率）**：用來記錄廣告實際與希望觸及到了多少人的百分比。

- **Creative Commons, CC（創用 CC）**：源自美國史丹佛大學 Lawrence Lessig 教授於 2001 年在美國成立 Creative Commons 非營利性組織，目的在提供一套簡單、彈性的「保留部分權利」（Some Rights Reserved）著作權授權機制。

- **Cross-Border Ecommerce（跨境電商）**：是全新的國際電子商務貿易型態，亦即消費者和賣家在不同的關境（實施同一海關法規和關稅制度境域）交易主體，透過電子商務平台完成交易、支付結算與國際物流送貨、完成交易的一種國際商業活動，讓消費者滑手機，就能直接購買全世界任何角落的商品。

- **Cross-selling（交叉銷售）**：當顧客進行消費的時候，發現顧客可能有多種需求時，說服顧客增加花費而同時售賣出多種相關的服務及產品。

- **Crowdfunding（群眾集資）**：群眾集資就是過群眾的力量來募得資金，使 C2C 模式由生產銷售模式，延伸至資金募集模式，以群眾的力量共築夢想，來支持個人或組織的特定目標。近年來群眾募資在各地掀起浪潮，募資者善用網際網路吸引世界各地的大眾出錢，用小額資助來尋求贊助各類創作與計畫。

- **Customer Relationship Management, CRM（顧客關係管理）**：由 Brian Spengler 在 1999 年提出，最早開始發展顧客關係管理的國家是美國。CRM 的定義是指企業運用完整的資源，以客戶為中心的目標，讓企業具備更完善的客戶交流能力，透過所有管道與顧客互動，並提供適當的服務給顧客。

- **Customer's Lifetime value, CLV（顧客終身價值）**：指每位顧客未來可能為企業帶來的所有利潤預估值，也就是透過購買行為，企業會從一個顧客身上獲得多少營收。

- **Customer-to-Busines, C2B（消費者對企業型電子商務）**：是一種將消費者帶往供應者端，並產生消費行為的電子商務新類型，也就是主導權由廠商手上轉移到了消費者手中。

- **Customer-to-Customer, C2C（客戶對客戶型的電子商務）**：就是個人使用者透過網路供應商所提供的電子商務平台，與其他消費者進行直接交易的商業行為，消費者可以利用此網站平台販賣或購買其他消費者的商品。

- **Customization（客製化）**：是廠商依據不同顧客的特性而提供量身訂製的產品與服務，消費者可在任何時間和地點，透過網際網路進入購物網站買到各種式樣的個人化商品。

- **Cybersquatter（網路蟑螂）**：一群搶先一步登記知名企業網域名稱的投機者，讓網域名稱爭議與搶註糾紛日益增加，不願妥協的企業公司就無法取回與自己企業相關的網域名稱。

- **Data Highlighter（資料螢光筆）**：Google 網站管理員工具，讓您以點選方式進行操作，只需透過滑鼠就可以以螢光筆標記網站上的重要資料欄位（如標題、描述、文章、活動等）。

- **Data Manage Platform, DMP（數據管理平台）**：應用於廣告領域，是指將分散的大數據進行整理優化，確實拼湊出顧客的樣貌，進而再使用來投放精準的受眾廣告，在數位行銷領域扮演重要的角色。

- **Data Mining（資料探勘）**：一種資料分析技術，可視為資料庫中知識發掘的一種工具，可以從一個大型資料庫所儲存的資料中萃取出有價值的知識，廣泛應用於各行各業中，現代商業及科學領域都有許多相關的應用。

- **Data Science（資料科學）**：就是為企業組織解析大數據當中所蘊含的規律，研究從大量的結構性與非結構性資料中，透過資料科學分析其行為模式

與關鍵影響因素，也就是在模擬決策模型，進而發掘隱藏在大數據資料背後的商機。

- **Data Warehouse（資料倉儲）**：於 1990 年由資料倉儲 Bill Inmon 首次提出，是以分析與查詢為目的所建置的系統，希望整合企業的內部資料，並綜合各種外部資料，經由適當的安排來建立一個資料儲存庫。

- **Database Marketing（資料庫行銷）**：是利用資料庫技術動態的維護顧客名單，並加以尋找出顧客行為模式和潛在需求，回到行銷最基本的核心－分析消費者行為，針對每個不同喜好的客戶給予不同的行銷文宣以達到企業對目標客戶的需求供應。

- **Deep Learning, DL（深度學習）**：算是 AI 的一個分支，也可以看成是具有層次性的機器學習法，源自於類神經網路（Artificial Neural Network）模型，並且結合了神經網路架構與大量的運算資源，目的在讓機器建立與模擬人腦進行學習的神經網路，以解釋大數據中圖像、聲音和文字等多元資料。

- **Demand Side Platform, DSP（需求方服務平台）**：可以讓廣告主在平台上操作跨媒體的自動化廣告投放，像是設置廣告的目標受眾、投放的裝置或通路、競價方式、出價金額等等。

- **Differentiated Marketing（差異化行銷）**：企業為了提高行銷的附加價值，開始對每個顧客量身打造產品與服務，塑造個人化服務經驗與採用差異化行銷（Differentiated Marketing）。

- **Digital Marketing（數位行銷）**：或稱為網路行銷（Internet Marketing），是一種雙向的溝通模式，能幫助無數電商網站創造訂單收入，本質其實和傳統行銷一樣，最終目的都是為了影響目標消費者（Target Audience），主要差別在於行銷溝通工具不同，現在可透過網路通訊的數位性整合，使文字、聲音、影像與圖片可以結合在一起，讓行銷的標的變得更為生動與即時。

- **Direct Traffic（直接流量）**：指訪問者直接輸入網址產生的流量，例如透過電子郵件中的連結到你的網站。

- **Down-sell（降價銷售）**：當顧客對於銷售產品或服務都沒有興趣時，唯一一個銷售策略就是降價銷售。

- **E-commerce ecosystem（電子商務生態系統）**：指以電子商務為主體結合商業生態系統概念。

- **E-Distribution（電子配銷商）**：是最普遍也最容易了解的網路市集，將數千家供應商的產品整合到單一線上電子型錄，一個銷售者服務多家企業，主要優點是銷售者可以為大量的客戶提供更好的服務。

- **E-Learning（數位學習）**：是指在網際網路上建立一個方便的學習環境，在線上存取流通的數位教材，進行訓練與學習，讓使用者連上網路就可以學習到所需的知識，且與其他學習者互相溝通，不受空間與時間限制，也是知識經濟時代提升人力資源價值的新利器。

- **Electronic Commerce, EC（電子商務）**：一種在網際網路上所進行的交易行為，等於「電子」加上「商務」，主要是將供應商、經銷商與零售商結合在一起，透過網際網路提供訂單、貨物及帳務的流動與管理。

- **Electronic FundsTransfer, EFT（電子資金移轉或稱為電子轉帳）**：使用電腦及網路設備，通知或授權金融機構處理資金往來帳戶的移轉或調撥行為。例如在電子商務的模式中，金融機構間之電子資金移轉（EFT）作業就是一種 B2B 模式。

- **Electronic Wallet（電子錢包）**：是一種符合安全電子交易的電腦軟體，當你在網路上購買東西時，可直接用電子錢包付錢，而不會看到個人資料，將可有效解決網路購物的安全問題。

- **Email Direct Marketing（電子報行銷）**：依舊是企業經營老客戶的主要方式，多半是由使用者訂閱，再經由信件或網頁的方式來呈現行銷訴求。由於電子報費用相對低廉，加上可以追蹤，大大的節省行銷時間及提高成交率。

- **Email Marketing（電子郵件行銷）**：含有商品資訊的廣告內容，以電子郵件的方式寄給不特定的使用者，除擁有成本低廉的優點外，更大的好處其實

是能夠發揮「病毒式行銷」（Viral Marketing）的威力，創造互動分享（口碑）的價值。

■ **E-MarketPlace（電子交易市集）**：改變了傳統商場的交易模式，透過網路與資訊科技輔助所形成的虛擬市集，本身是一個網路的交易平台，具有能匯集買主與供應商的功能，其實就是一個市場，各種買賣都在這裡進行。

■ **Engaged time（互動時間）**：了解網站內容和瀏覽者的互動關係，最理想的方式是紀錄他們實際上在網站互動與閱讀內容的時間。

■ **Enterprise Information Portal, EIP（企業資訊入口網站）**：是指在Internet 的環境下，將企業內部各種資源與應用系統，整合到企業資訊的單一入口中。EIP 也是未來行動商務的一大利器，以企業內部的員工為對象，只要能夠無線上網，為顧客提供服務時，一旦臨時需要資料，都可以馬上查詢，讓員工幫你聰明地賺錢，還能更多元化的服務員工。

■ **E-Procurement（電子採購商）**：是擁有的許多線上供應商的獨立第三方仲介，因為它們會同時包含競爭供應商和競爭電子配銷商的型態，主要優點是可以透過賣方的競標，達到降低價格的目的，有利於買方來控制價格。

■ **E-Tailer（線上零售商）**：是銷售產品與服務給個別消費者，而賺取銷售的收入，使製造商容易地直接銷售產品給消費者，而除去中間商的部分。

■ **Exit Rate（離站率）**：訪客在網站上所有的瀏覽過程中，進入某網頁後離開網站的次數，除以所有進入包含此頁面的總次數。

■ **Expert System, ES（專家系統）**：是一種將專家（如醫生、會計師、工程師、證券分析師）的經驗與知識建構於電腦上，以類似專家解決問題的方式，透過電腦推論某一特定問題的建議或解答。例如環境評估系統、醫學診斷系統、地震預測系統等都是大家耳熟能詳的專業系統。

■ **eXtensible Markup Language, XML（可延伸標記語言）**：中文譯為「可延伸標記語言」，可以定義每種商業文件的格式，並且能在不同的應用程式中使用，由全球資訊網路標準制定組織 W3C，根據 SGML 衍生發展而來，是一種專門應用於電子化出版平台的標準文件格式。

- **Extranet（商際網路）**：為企業上、下游各相關策略聯盟企業間整合所構成的網路，需要使用防火牆管理，通常 Extranet 是屬於 Intranet 的子網路，可將使用者延伸到公司外部，以便客戶、供應商、經銷商以及其他公司，可以存取企業網路的資源。

- **Fifth-Generation（5G）**：是行動電話系統第五代，也是 4G 之後的延伸，5G 技術是整合多項無線網路技術而來，包括以前幾代行動通訊的先進功能，對一般用戶而言，最直接的感覺是 5G 比 4G 又更快、更不耗電，預計未來將可實現 10Gbps 以上的傳輸速率。這樣的傳輸速度下可以在短短 6 秒中，下載 15GB 完整長度的高畫質電影。

- **File Transfer Protocol, FTP（檔案傳輸協定）**：透過此協定，不同電腦系統，也能在網際網路上相互傳輸檔案。檔案傳輸分為兩種模式：下載（Download）和上傳（Upload）。

- **Filter（過濾）**：捨棄報表上不需要或不重要的數據。

- **Financial Electronic Data Interchange, FEDI（金融電子資料交換）**：是透過電子資料交換方式進行企業金融服務的作業介面，就是將 EDI 運用在金融領域，可作為電子轉帳的建置及作業環境。

- **Followers（追蹤訂閱）**：增加訂閱人數，主動將網站新資訊傳送給他們，是提高品牌忠誠度與否的一大指標。

- **Fourth-generation（4G）**：行動電話系統的第四代，是 3G 之後的延伸，為新一代行動上網技術的泛稱，傳輸速度理論值約比 3.5G 快 10 倍以上，能夠達成更多樣化與私人化的網路應用。LTE（Long Term Evolution，長期演進技術）是全球電信業者發展 4G 的標準。

- **Fragmentation Era（碎片化時代）**：代表現代人的生活被很多碎片化的內容所切割，因此想要抓住受眾的目光越來越難，品牌接觸消費者的地點也越來越不固定，接觸消費者的時間越來越短暫，碎片時間搖身一變成為贏得消費者的黃金時間。

- **Fraud（作弊）**：特別是指流量作弊。

- **Gamification Marketing（遊戲化行銷）**：是指遊戲中有好玩的元素與機制，透過行銷活動讓受眾「玩遊戲」，同時深化參與感，將你的目標客戶緊緊黏住，因此成了各個品牌不斷探索的新行銷模式。

- **Global Positioning System, GPS（全球定位系統）**：透過衛星與地面接收器，達到傳遞方位訊息、計算路程、語音導航與電子地圖等功能，目前許多汽車與手機都安裝有 GPS 定位器作為定位與路況查詢之用。

- **Google Analytics, GA**：Google 所提供的一套免費且功能強大的跨平台網路行銷流量分析工具，能提供最新的數據分析資料，包括網站流量、訪客來源、行銷活動成效、頁面拜訪次數、訪客回訪等，幫助客戶有效追蹤網站數據和訪客行為，稱得上是全方位監控網站與 App 完整功能的必備網站分析工具。

- **Google Play**：Google 推出針對 Android 系統的線上應用程式服務平台，透過 Google Play 可以尋找、購買、瀏覽、下載及評比使用手機免費或付費的 App 和遊戲，Google Play 為一開放性平台，任何人都可上傳其所發發的應用程式。

- **Graphics Processing Unit, GPU（圖形處理器）**：可說是近年來科學計算領域的最大變革，是指以圖形處理單元（GPU）搭配 CPU，GPU 含有數千個小型且更高效率的 CPU，不但能有效處理平行運算（Parallel Computing），還可以大幅增加運算效能。

- **Hadoop**：源自 Apache 軟體基金會（Apache Software Foundation）底下的開放原始碼計劃（Open source project），為了因應雲端運算與大數據發展所開發出來的技術，使用 Java 撰寫並免費開放原始碼，用來儲存、處理、分析大數據的技術，兼具低成本、靈活擴展性、程式部署快速和容錯能力等特點。

- **Hashtag（主題標籤）**：只要在字句前加上 #，便形成一個標籤，用以搜尋主題，是目前社群網路上相當流行的行銷工具，不但已經成為品牌行銷重要一環，可以利用時下熱門的關鍵字，並以 Hashtag 方式提高曝光率。

- **Heat map（熱度圖、熱感地圖）**：在圖上標記哪項廣告經常被點選，是獲得更多關注的部分，可了解使用者有興趣的瀏覽區塊。

- **High Performance Computing, HPC（高效能運算）**：透過應用程式平行化機制，在短時間內完成複雜、大量運算工作，專門用來解決耗用大量運算資源的問題。

- **Horizontal Market（水平式電子交易市集）**：是跨產業領域，可以滿足不同產業的客戶需求。此類網站的交易商品，都是一些具標準化流程與服務性商品，同時也比較不需要個別產業專業知識與銷售服務，可以經由電子交易市集進行統一採購，讓所有企業對非專業的共同業務進行採買或交易。

- **Host Card Emulation, HCE（主機卡模擬）**：Google 於 2013 年底所推出的行動支付方案，可以透過 App 或是雲端服務來模擬 SIM 卡的安全元件。HCE（Host Card Emulation）的加入悄悄點燃了行動支付大戰，僅需 Android 5.0（含）版本以上且內建 NFC 功能的手機，申請完成後卡片資訊（信用卡卡號）將會儲存於雲端支付平台，交易時由手機發出一組虛擬卡號與加密金鑰來驗證，驗證通過後才能完成感應交易，能避免刷卡時卡片資料外洩的風險。

- **Hotspot（熱點）**：是指在公共場所提供無線區域網路（WLAN）服務的連結地點，讓大眾可以使用筆記型電腦或 PDA，透過熱點的「無線網路橋接器」（AP）連結上網際網路，無線上網的熱點愈多，涵蓋區域便愈廣。

- **Hunger Marketing（飢餓行銷）**：是以「賣完為止、僅限預購」來創造行銷話題，製造產品一上市就買不到的現象，促進消費者購買該產品的動力，讓消費者覺得數量有限不買可惜。

- **Hypertext Markup Language, HTML**：是一種純文字型態的檔案，以一種標記的方式來告知瀏覽器將以何種方式來將文字、圖像等多媒體資料呈現於網頁之中。通常要撰寫網頁的 HTML 語法時，只要使用 Windows 預設的記事本就可以了。

- **Impression, IMP（曝光數）**：經由廣告到網友所瀏覽的網頁上一次即為曝光數一次。

- **Intellectual Property Rights, IPR（智慧財產權）**：劃分為著作權、專利權、商標權等三個範疇進行保護規範，這三種領域保護的智慧財產權並不相同，在制度的設計上也有所差異，例如發明專利、文學和藝術作品、表演、錄音、廣播、標誌、圖像、產業模式、商業設計等等。

- **Internet（網際網路）**：連接各種電腦網路的網路，以 TCP/IP 為它的網路標準，也就是說只要透過 TCP/IP 協定，就能享受 Internet 上所有一致性的服務。網際網路上並沒有中央管理單位的存在，而是數不清的個人網路或組織網路，這網路聚合體中的每一成員自行營運與付擔費用。

- **Internet Bank（網路銀行）**：係指客戶透過網際網路與銀行電腦連線，無須受限於銀行營業時間、營業地點之限制，隨時隨地從事資金調度與理財規劃，並可充分享有隱密性與便利性，即可直接取得銀行所提供之各項金融服務，現代家庭中有許多五花八門的帳單，都可以透過電腦來進行網路轉帳與付費。

- **Internet Celebrity Marketing（網紅行銷）**：就像過去品牌找名人代言，提升本身品牌價值一樣，相對於企業砸重金請明星代言，網紅的推薦甚至可以讓廠商業績翻倍，素人網紅似乎在目前的行動平台更具說服力，逐漸地取代過去以明星代言的行銷模式。

- **Internet Content Provider, ICP（線上內容提供者）**：是向消費者提供網際網路資訊服務和增值業務，主要提供有智慧財產權的數位內容產品與娛樂，包括期刊、雜誌、新聞、CD、影帶、線上遊戲等。

- **Internet Marketing（網路行銷）**：藉由行銷人員將創意、商品及服務等構想，利用通訊科技、廣告促銷、公關及活動方式在網路上執行。

- **Internet Protocol Television, IPTV（網路電視）**：是一種目前快速發展的新媒體模式，即透過網際網路來進行視訊節目的直播，並可利用機上盒（Set-Top-Box, STB），透過普通電視播放的新興服務型態，提供觀眾在任何時間、地點自行選擇節目，能充分滿足現代人對數位影音內容即時且大量的需求。服務模式包含免付費頻道、基本頻道與收費頻道三種，此外還提供包括網路遊戲、網路點播、網路購物、社群網站瀏覽與遠距教學等服務。

- **Internet of Things, IOT（物聯網）**：近年來的熱門議題，被認為是網際網路興起後足以改變世界的第三次資訊新浪潮，特性是將各種具裝置感測設備的物品，例如 RFID、環境感測器、全球定位系統（GPS）雷射掃描器等裝置，與網際網路結合起來而形成的一個巨大網路系統，並透過網路技術讓各種實體物件、自動化裝置彼此溝通和交換資訊。

- **Intranet（企業內部網路）**：指企業體內的 Internet，將 Internet 的產品與觀念應用到企業組織，透過 TCP/IP 協定來串連企業內外部的網路，以 Web 瀏覽器作為統一的使用者界面，更以 Web 伺服器來提供統一服務窗口。

- **Javascript**：是一種直譯式（Interpret）的描述語言，是在客戶端（瀏覽器）解譯程式碼，內嵌在 HTML 語法中，當瀏覽器解析 HTML 文件時就會直譯 JavaScript 語法並執行，JavaScript 不只能讓我們隨心所欲控制網頁的介面，也能夠與其他技術搭配做更多的應用。

- **jQuery**：是一套開放原始碼的 JavaScript 函式庫（Library），是目前最受歡迎的 JS 函式庫，簡化了 HTML 與 JavaScript 之間與 DOM 文件的操作，讓我們輕鬆選取物件，並以簡潔的程式完成想做的事情，也可以透過 jQuery 指定 CSS 屬性值，達到想要的特效與動畫效果。

- **Keyword（關鍵字）**：網站內容相關的重要名詞或片語，也就是在搜尋引擎上所搜尋的一組字，例如企業名稱、網址、商品名稱、專門技術、活動名稱等。

- **Keyword Advertisements（關鍵字廣告）**：是許多商家網路行銷的入門選擇之一，功用可以讓店家的行銷資訊在搜尋關鍵字時，將店家所設定的廣告內容曝光在搜尋結果最顯著的位置，以最簡單直接的方式，接觸到搜尋該關鍵字的網友所而產生的商機。

- **Landing Page（到達頁）**：使用者按下廣告後到直接到達的網頁，到達頁和首頁最大的不同是，到達頁只有一個頁面就要完成吸引訪客的任務，通常此頁面是以誘人的文案請求訪客完成購買或登記。

- **Law of Diminishing Firms（公司遞減定律）**：由於摩爾定律及梅特卡菲定律的影響之下，專業分工、外包、策略聯盟、虛擬組織將比傳統業界來的更經濟及更有績效，形成一價值網路（Value Network），而使得公司的規模有遞減的現象。

- **Law of Disruption（擾亂定律）**：結合了「摩爾定律」與「梅特卡夫定律」的第二級效應，主要指出社會、商業體制與架構是以漸進的方式演進，但是科技卻以幾何級數發展，速度遠遠落後於科技變化速度，當這兩者之間的鴻溝愈來愈擴大，使原來的科技、商業、社會、法律間的平衡被擾亂，因此產生了所謂的失衡現象，就愈可能產生革命性的創新與改變。

- **LINE Pay**：主要以網路店家為主，將近 200 個品牌都可以支付，LINE Pay 支付的通路相當多元化，越來越多商家加入 LINE 購物平台，可讓您透過信用卡或現金儲值，信用卡只需註冊一次，同時支援線上與實體付款，而且 LINE pay 累積點數非常快速，許多通路都可以使用點數折抵。

- **Location Based Service, LBS（定址服務）**：或稱為「適地性服務」，就是行動行銷中相當成功的環境感知的創新應用，指透過行動隨身設備的感知裝置，例如當消費者在到達某個商業區時，可以利用手機快速查詢所在位置周邊的商店、場所以及活動等即時資訊。

- **Logistics（物流）**：指產品從生產者移轉到經銷商、消費者的整個流通過程，透過有效管理程序，並結合包括倉儲、裝卸、包裝、運輸等相關活動。

- **Long Tail Keyword（長尾關鍵字）**：是網頁上相對不熱門，不過也可以帶來搜索流量，但接近主要關鍵字的關鍵字詞。

- **Long Term Evolution, LTE（長期演進技術）**：以現有的 GSM ／ UMTS 的無線通信技術為主來發展，不但能與 GSM 服務供應商的網路相容，用戶在靜止狀態的傳輸速率達 1 Gbps，而在行動狀態也可以達到最快的理論傳輸速度 170Mbps 以上，是全球電信業者發展 4G 的標準。例如傳輸 1 個 95M 的影片檔，只要 3 秒鐘就完成。

- **Machine Learning, ML（機器學習）**：機器透過演算法來分析數據，在大數據中找到規則，機器學習是大數據發展的下一個進程，可以發掘多資料元變動因素之間的關聯性，進而自動學習並且做出預測，充分利用大數據和演算法來訓練機器。

- **Market Segmentation（市場區隔）**：是指任何企業都無法滿足所有市場的需求，應該著手建立產品的差異化，行銷人員根據市場的觀察進行判斷，在經過分析市場的機會後，接著在該市場中選擇最有利可圖的區隔市場，並且集中企業資源與火力，強攻下該市場區隔的目標市場。

- **Marketing Mix（行銷組合）**：可以看成是協助企業建立各市場系統化架構的元素，藉著這些元素來影響市場上的顧客動向。美國行銷學學者 Jerome McCarthy 在 60 年代提出了著名的 4P 行銷組合，包括產品（product）、價格（price）、通路（place）與促銷（promotion）等四項。

- **Metcalfe's Law（梅特卡夫定律）**：是一種網路技術發展規律，也就是使用者越多，其價值便大幅增加，對原來的使用者而言，反而產生的效用會越大。

- **Micro Film（微電影）**：又稱為「微型電影」，它是在一個較短時間且較低預算內，把故事情節或角色 / 場景，以視訊方式傳達其理念或品牌，適合在短暫的休閒時刻或移動的情況下觀賞。

- **Mixed Reality（混合實境）**：介於 AR 與 VR 之間的綜合模式，打破真實與虛擬的界線，同時擷取 VR 與 AR 的優點，透過頭戴式顯示器將現實與虛擬

世界的各種物件進行更多的結合與互動，產生全新的視覺化環境，並且能夠提供比 AR 更為具體的真實感，未來很有可能會是視覺應用相關技術的主流。

- **Mobile Advertising（行動廣告）**：是在行動平台上做的廣告，與一般傳統與網路廣告的方式不相同，擁有隨時隨地互動的特性。

- **Mobile Marketing（行動行銷）**：指伴隨著手機和其他以無線通訊技術為基礎的行動終端的發展，而逐漸成長起來的全新行銷方式，不僅突破了傳統定點式網路行銷受到空間與時間的侷限，也可透過行動通訊網路來進行的商業交易行為。

- **Mobile Payment（行動支付）**：指消費者透過手持式行動裝置對所消費的商品或服務進行帳務支付的一種方式，很多人以為行動支付就是用手機付款，其實手機只是一個媒介，平板電腦、智慧手錶等都可以拿來進行行動支付。

- **Moore's law（摩爾定律）**：表示電子計算相關設備不斷向前快速發展的定律，主要是指一個尺寸相同的 IC 晶片上，所容納的電晶體數量，因為製程技術的不斷提升與進步，每隔約十八個月會加倍，執行運算的速度也會加倍，但製造成本卻不會改變。

- **Multi-Channel（多通路）**：是指企業採用兩條或以上完整的零售通路進行銷售活動，每條通路都能完成銷售的所有功能，例如同時採用直接銷售、電話購物或在 PChome 商店街上開店，也擁有自己的品牌官方網站，就是每條通路都能完成買賣的功能。

- **Native Advertising（原生廣告）**：一種讓大眾自然而然閱讀下去，不容易發現自己在閱讀廣告的廣告形式，讓訪客瀏覽體驗時的干擾降到最低，不僅傳達產品廣告訊息，也提升使用者的接受度。

- **Near Field Communication, NFC（近場通訊）**：是由 PHILIPS、NOKIA 與 SONY 共同研發的一種短距離非接觸式通訊技術，可在您的手機與其他 NFC 裝置之間傳輸資訊，例如手機、NFC 標籤或支付裝置，逐漸成為行動交易、行銷接收工具的最佳解決方案。

- **Network Economy（網路經濟）**：是一種分散式的經濟，帶來了與傳統經濟方式完全不同的改變，最重要的優點是可以去除傳統中間化，降低市場交易成本，整個經濟體系的市場結構也出現了劇烈變化，這種現象讓自由市場更有效率地靈活運作。

- **Network Effect（網路效應）**：對於網路經濟所帶來的效應而言，有一個很大的特性就是產品的價值取決於其總使用人數，透過網路無遠弗屆的特性，一旦使用者數目跨過門檻，也就是越多人有這個產品，那麼它的價值自然越高。

- **New Visit（新造訪）**：沒有任何造訪紀錄的訪客，數字愈高表示廣告成功地吸引了全新的消費訪客。

- **Offline Mobile Online（OMO 或 O2M）**：強調行動端，打造線上 - 行動 - 線下三位一體的全通路模式，形成實體店家、網路商城、與行動終端深入整合行銷，並在線下完成體驗與消費的新型交易模式。

- **Offline to Online（反向 O2O）**：從實體通路連回線上，消費者可透過在線下實際體驗後，透過 QR code 或是行動終端連結等方式，引導消費者到線上消費，並且在線上平台完成購買並支付。

- **Omni-Channel（全通路）**：全通路是利用各種通路為顧客提供交易平台，以消費者為中心的 24 小時營運模式，並且消除各個通路間的壁壘，以前所未見的速度與範圍連結至所有消費者，包括在實體和數位商店之間的無縫轉換，去真正滿足消費者的需要，提供了更客製化的行銷服務，不管是透過線上或線下都能達到最佳的消費體驗。

- **Online Analytical Processing, OLAP（線上分析處理）**：可被視為是多維度資料分析工具的集合，使用者在線上即能完成的關聯性或多維度的資料庫（例如資料倉儲）的資料分析作業，並能即時快速地提供整合性決策。

- **Online and Offline（ONO）**：就是將線上網路商店與線下實體店面高度結合的共同經營模式，從而實現線上線下資源互通，雙邊的顧客也能彼此引導與消費的局面。

- **Online Broker（線上仲介商）**：主要的工作是代表其客戶搜尋適當的交易對象，並協助其完成交易，藉以收取仲介費用，本身並不會提供商品，包括證券網路下單、線上購票等。

- **Online Community Provider, OCP（線上社群提供者）**：聚集相同興趣的消費者形成一個虛擬社群來分享資訊、知識、甚至販賣相同產品。多數線上社群提供者會提供多種讓使用者互動的方式，用以聊天、寄信、影音、互傳檔案等。

- **Online interacts with Offline（OIO）**：就是線上線下互動經營模式，近年電商業者陸續建立實體據點與體驗中心，即除了電商提供網購服務之外，並協助實體零售業者在既定的通路基礎上，給予消費者與商品面對面接觸，並且為消費者提供交貨或者送貨服務，彌補了電商平台經營服務的不足。

- **Online Service Offline（OSO）**：並非線上與線下的簡單組合，而是結合O2O模式與B2C的行動電商模式，把用戶服務納入進來的新型電商運營模式即線上商城＋直接服務＋線下體驗。

- **Online to Offline（O2O）**：整合「線上（Online）」與「線下（Offline）」兩種不同平台所進行的一種行銷模式，也就是將網路上的購買或行銷活動帶到實體店面的模式。

- **On-LINE Transaction Processing, OLTP（線上交易處理）**：經由網路與資料庫的結合，以線上交易的方式處理一般即時性的作業資料。

- **Organic Traffic（自然流量）**：指訪問者透過搜尋引擎，由搜尋結果進去你的網站的流量，通常品質是較好。

- **Page View, PV（頁面瀏覽次數）**：網友瀏覽店家頁面的網頁下載次數，每次刷新即被計算一次，數字越高越好，表示你的內容被閱讀的次數越多。

- **Parallel Processing（平行處理）**：同時使用多個處理器來執行單一程式，藉以縮短運算時間。其過程會將資料以各種方式交給每一顆處理器，為了實現在多核心處理器上程式性能的提升，還必須將應用程式分成多個執行緒來執行。

- **PayPal**：是全球最大的線上金流系統與跨國線上交易平台，適用於全球 203 個國家，屬於 ebay 旗下的子公司，可以讓全世界的買家與賣家自由選擇購物款項的支付方式。

- **Pop-Up Ads（彈出式廣告）**：當網友點選連結進入網頁時，會彈跳出另一個子視窗來播放廣告訊息，強迫使用者接受，並連結到廣告主網站。

- **Portal（入口網站）**：是進入 WWW 的首站或中心點，它讓所有類型的資訊能被所有使用者存取，提供各種豐富個別化的服務與導覽連結功能。當各位連上入口網站的首頁，可以藉由分類選項來達到要瀏覽的網站，同時也提供許多的服務，諸如：搜尋引擎、免費信箱、拍賣、新聞、討論等，例如 Yahoo、Google、蕃薯藤、新浪網等。

- **Porter five forces analysis（五力分析模型）**：全球知名的策略大師 Michael E. Porter 於 80 年代提出的競爭策略架構，他認為有 5 種力量促成產業競爭，每一個競爭力都是為對稱關係，透過這五方面力的分析，可以測知該產業的競爭強度與獲利潛力，並且有效的分析出客戶的現有競爭環境。五力分別是供應商的議價能力、買家的議價能力、潛在競爭者進入的能力、替代品的威脅能力、現有競爭者的競爭能力。

- **Positioning（市場定位）**：是檢視公司商品能提供之價值，向目標市場的潛在顧客介紹商品的價值。品牌定位是 STP 的最後一個步驟，也就是針對作好的市場區隔及目標選擇，為企業立下一個明確不可動搖的層次與品牌印象。

- **Pre-roll（插播廣告）**：影片播放之前的插播廣告。

- **Private Cloud（私有雲）**：是將雲基礎設施與軟硬體資源建立在防火牆內，以供機構或企業共享數據中心內的資源。

- **Public Cloud（公用雲）**：透過網路及第三方服務供應者，提供一般公眾或大型產業集體使用的雲端基礎設施，通常公用雲價格較低廉。

- **Publisher（出版商）**：平台上的個體，廣告賣方，例如媒體網站 Blogger 的管理者，以提供網站固定版位給予廣告主曝光。例如 Facebook 發展至今，已經成為網路出版商（Online Publishers）的重要平台。

- **Quick Response Code, QR Code**：1994 年由日本 Denso-Wave 公司發明，利用線條與方塊所除了文字之外，還可以儲存圖片、記號等相關資訊。QR Code 連結行銷相關的應用相當廣泛，可針對不同屬性活動搭配不同的連結內容。

- **Radio Frequency IDentification, RFID（無線射頻辨識技術）**：是一種自動無線識別數據獲取技術，可以利用射頻訊號以無線方式傳送及接收數據資料，例如在所出售的衣物貼上晶片標籤，透過 RFID 的辨識，可以進行衣服的管理，例如全球最大的連鎖通路商 Wal-Mart，即要求上游供應商在貨品的包裝上裝置 RFID 標籤，以便隨時追蹤貨品在供應鏈上的即時資訊。

- **Reach（觸及）**：一定期間內用來記錄廣告至少一次觸及到了多少人的總數。

- **Real-time bidding, RTB（即時競標）**：即時競標為近來新興的目標式廣告模式，相當適合強烈網路廣告需求的電商業者，由程式瞬間競標拍賣方式，廣告購買方對某一個曝光出價，價高者得標，贏家的廣告會馬上出現在媒體廣告版位，可以提升廣告主的廣告投放效益。至於無得標（Zero Win Rate）則是在即時競價（RTB）中，沒有任何特定廣告買主得標的狀況。

- **Referral Traffic（推薦流量）**：其他網站上有你的網站連結，訪客透過點擊連結，進去你的網站的流量。

- **Relationship Marketing（關係行銷）**：建構在「彼此有利」為基礎的觀念，強調銷售是關係的開始，而非交易的結束，發展出了解顧客需求，而進行顧客服務，以建立並維持與個別顧客的關係，謀求雙方互惠的利益。

- **Repeat Visitor（重複訪客）**：訪客至少有一次或以上造訪紀錄。

- **Responsive Web Design, RWD**：已成了新一代的電商網站設計趨勢，因為 RWD 被公認為是能夠對行動裝置用戶提供最佳的視覺體驗，原理是使用 CSS3 以百分比的方式來進行網頁畫面的設計，在不同解析度下能自動改變網頁頁面的佈局排版，讓不同裝置都能以最適合閱讀的網頁格式瀏覽同一網站，不用一直忙著縮小放大拖曳，給使用者最佳瀏覽畫面。

- **Retention time（停留時間）**：是指瀏覽者或消費者在網站停留的時間。

- **Return of Investment, ROI（投資報酬率）**：指透過投資一項行銷活動所得到的經濟回報，以百分比表示，計算方式為淨收入（訂單收益總額–投資成本）除以「投資成本」。

- **Return on Ad Spend, ROAS（廣告收益比）**：計算透過廣告所有花費所帶來的收入比率。

- **Revolving-door Effect（旋轉門效應）**：許多企業往往希望不斷的拓展市場，經常把焦點放在吸收新顧客上，卻忽略了手邊原有的舊客戶，如此一來，也就是費盡心思地將新顧客拉進來時，被忽略的舊用戶又從後門悄悄的溜走了。

- **Search Engine Optimization, SEO（搜尋引擎最佳化）**：也稱作搜尋引擎優化，是相當熱門的網路行銷方式，係一種讓網站在搜尋引擎中取得 SERP 排名優先方式，終極目標就是要讓網站的 SERP 排名能夠到達第一。

- **Search Engine Results Page, SERP（搜尋結果頁面）**：經搜尋引擎根據內部網頁資料庫查詢後，所呈現給使用者的自然搜尋結果的清單頁面，SERP 的排名是越前面越好。

- **Secure Electronic Transaction, SET（安全電子交易機制）**：由信用卡國際大廠 VISA 及 MasterCard，在 1996 年共同制定並發表的安全交易協定，並陸續獲得 IBM、Microsoft、HP 及 Compaq 等軟硬體大廠的支持，加上 SET 安全機制採用非對稱鍵值加密系統的編碼方式，並採用知名的 RSA 及 DES 演算法技術，讓傳輸於網路上的資料更具有安全性。

- **Secure Socket Layer, SSL（網路安全傳輸協定）**：於 1995 年間由網景（Netscape）公司所提出，是一種 128 位元傳輸加密的安全機制，目前大部分的網頁伺服器或瀏覽器，都能夠支援 SSL 安全機制。

- **Segmentation（市場區隔）**：是指任何企業都無法滿足所有市場的需求，應該著手建立產品的差異化，企業在經過分析市場的機會後，接著在該市場中

選擇最有利可圖的區隔市場，並且集中企業資源與火力，強攻下該市場區隔的目標市場。

- **Sense of Community（社群意識）**：維基百科中 McMillan & Chavis（1986）曾經定義社群意識（Sense of Community）為：「一種會員有著歸屬的情緒、一種會員與他人及團體間關係的情緒，以及分享著會員需求藉由彼此的承諾而產生的信賴感」。

- **Service Provider（服務提供者）**：比傳統服務提供者更有價值、便利與低成本的網站服務，收入可包括訂閱費或手續費。例如翻開報紙的求職欄，幾乎都被五花八門分類小廣告佔領所有廣告版面，而一般正當的公司企業，除了偶爾刊登求才廣告來塑造公司形象外，大部分都改由網路人力銀行中尋找人才。

- **Sharing Economy（共享經濟）**：這種模式正在日漸成長，共享經濟的成功取決於建立互信，以合理的價格與他人共享資源，同時讓閒置的商品和服務創造收益，讓有需要的人得以較便宜的代價借用資源。

- **Shopping Cart Abandonment, CTAR（購物車放棄率）**：是指顧客最後拋棄購物車的數量與總購物車成交數量的比例。

- **Six Degrees of Separation（六度分隔理論）**：哈佛大學心理學教授 Stanely Milgram 所提出的「六度分隔理論」運作，是說在人際網路中，要結識任何一位陌生的朋友，中間最多只要通過六個朋友就可以。換句話說，最多只要透過六個人，你就可以連結到全世界任何一個人。例如像 Facebook 類型的 SNS 網路社群就是六度分隔理論的最好證明。

- **Social Media Marketing（社群行銷）**：透過各種社群媒體網站，讓企業吸引顧客注意而增加流量的方式。由於大家都喜歡在網路上分享與交流，透過朋友間的串連、分享、社團、粉絲頁與動員令的高速傳遞，創造了互動性與影響力強大的平台，進而提高企業形象與顧客滿意度，並間接達到產品行銷及消費，所以被視為是便宜又有效的行銷工具。

- **Social Networking Service, SNS（社群網路服務）**：Web 2.0 體系下的一個技術應用架構，隨著各類部落格及社群網站（SNS）的興起，網路傳遞的主控權已快速移轉到網友手上，從早期的 BBS、論壇，一直到近期的部落格、Plurk（噗浪）、Twitter（推特）、Pinterest、Instagram、微博、Facebook 或 YouTube 影音社群，主導了整個網路世界中人跟人的對話。

- **Social、Location、Mobile, SoLoMo（SoLoMo 模式）**：是由 KPCB 合夥人 John Doerr 在 2011 年提出的一個趨勢概念，強調「在地化的行動社群活動」，主要是因為行動裝置的普及和無線技術的發展，讓 Social（社交）、Local（在地）、Mobile（行動）三者合一能更為緊密結合。

- **Spam（垃圾郵件）**：網路上亂發的垃圾郵件之類的廣告訊息。

- **Spark**：Apache Spark 是由加州大學柏克萊分校的 AMPLab 所開發，是目前大數據領域最受矚目的開放原始碼（BSD 授權條款）計畫，Spark 相當容易上手使用，可以快速建置演算法及大數據資料模型，目前許多企業也轉而採用 Spark 作為更進階的分析工具，也是目前新一代大數據串流運算平台。

- **Stay at Home Economic（宅經濟）**：常在許多報章雜誌中見到，目前社會上對此有雙層定義。一為以顧客便利性為主，使顧客能在不出門親自取貨或上街至實體店面選購的方式取得商品，並完成交易的產業。二為指專門為動漫迷產生的產業，例如電玩、遊戲角色公仔等。而這些不出門宅在家中消費群又被稱為「宅男、宅女」，由於他們主要的訴求就是要「便利」，故此宅商機也在不景氣中創造出另一個經濟奇蹟，同時也替手遊產業注入了新活水。

- **Stratosphere（同溫層）**：與我們生活圈接近且互動頻繁的用戶，通常同質性高，所獲取的資訊也較為相近，容易導致較願意接受與自己立場相近的觀點，對於不同觀點的事物，則選擇性忽略，進而形成一種封閉的同溫層現象。

- **Streaming Media（串流媒體）**：一種網路多媒體傳播方式，它是將影音檔案經過壓縮處理後，再利用網路上封包技術，將資料流不斷地傳送到網路伺

服器，而用戶端程式則會將這些封包一一接收與重組，即時呈現在用戶端的電腦上，讓使用者可依照頻寬大小來選擇不同影音品質的播放。

- **Structured Data（結構化資料）**：則是目標明確，有一定規則可循，每筆資料都有固定的欄位與格式，偏向一些日常且有重覆性的工作，例如薪資會計作業、員工出勤記錄、進出貨倉管記錄等。

- **Supply Chain（供應鏈）**：目標是將上游零組件供應商、製造商、流通中心，以及下游零售商合作成為夥伴，以降低整體庫存之水準或提高顧客滿意度為宗旨。

- **Supply Chain Management, SCM (供應鏈管理)**：理論的目標是將上游零組件供應商、製造商、流通中心，以及下游零售商上下游供應商成為夥伴，以 低整體庫存之水準或提高顧客滿意度為宗旨。如果企業能作好供應鏈的管理，可大幅提高競爭優勢，而這也是企業不可避免的趨勢。

- **Supply Side Platform, SSP（供應方平台）**：幫助網路媒體（賣方，如部落格、FB 等）託管其廣告位和廣告交易，就是擁有流量的一方，出版商能夠在 SSP 上管理自己的廣告位，獲得最高的有效展示費用。

- **SWOT Analysis（SWOT 分析）**：由世界知名的麥肯錫顧問公司所提出，又稱為態勢分析法，是一種策略性規劃分析工具。當使用 SWOT 分析架構時，可以從四個構面深入解析，分別是企業的優勢（Strengths）、劣勢（Weaknesses）、與外在環境的機會（Opportunities）和威脅（Threats），得知產業與策略的競爭力。

- **Target Keyword（目標關鍵字）**：網站確定的主打關鍵字，也是網站上目標使用者搜索量相對最大與最熱門的關鍵字，會為網站帶來大多數的流量，並在搜尋引擎中獲得排名的關鍵字。

- **Targeting（市場目標）**：是指完成了市場區隔後，即可依照我們的區隔來進行目標的選擇，把這適合的目標市場當成最主要的戰場，將目標族群進行更深入的描述，設定那些最可能族群，從中選擇適合的區隔作為目標對象。

- **The Long Tail（長尾效應）**：全球化所帶動的新現象，只要通路夠大，非主流需求量小的商品總銷量也能夠和主流需求量大的商品銷量抗衡。

- **The Two Tap Rule（兩次點擊原則）**：一旦打開你的 App，如果要點擊兩次以上才能完成使用程序，就應該馬上重新設計。

- **Third-Party Payment（第三方支付）**：在交易過程中，除了買賣雙方外由具有實力及公信力的「第三方」設立公開平台，作為銀行、商家及消費者間的服務管道代收與代付金流，就可稱為第三方支付。

- **Traffic（流量）**：是指該網站的瀏覽頁次（Page view）的總和名稱，數字愈高表示你的內容被點擊的次數越高。

- **Trusted Service Manager, TSM（信任服務管理平台）**：是銀行與商家之間的公正第三方安全管理系統，也是專門提供 NFC 應用程式下載的共享平台，主要負責中間的資料交換與整合，在臺灣建立 TSM 平台的業者共有四家，商家可向 TSM 請款，銀行則付款給 TSM。

- **Ubiquinomics（隨經濟）**：盧希鵬教授所創造的名詞，是指因為行動科技的發展，讓消費時間不再受到實體通路營業時間的限制，行動通路成了消費者在哪裡，通路即在哪裡，消費者隨時隨處都可以購物。

- **Ubiquity（隨處性）**：能夠清楚連結任何地域位置，除了隨處可見的行銷訊息，還能協助客戶了解商品及服務，滿足使用者對即時資訊與通訊的需求。

- **Unique User, UV（不重複訪客）**：在特定的時間內所獲得的不重複（只計算一次）訪客數目，即來造訪網站的一台電腦用戶端視為一個不重複訪客的所有總數。

- **Unstructured Data（非結構化資料）**：是指目標不明確，不能數量化或定型化的非固定性工作、讓人無從打理起的資料格式，例如社交網路的互動資料、網際網路上的文件、影音圖片、網路搜尋索引、Cookie 紀錄、醫學記錄等資料。

- **Upselling（向上銷售、追加銷售）**：鼓勵顧客在購買時是最好的時機進行追加銷售，能夠銷售出更高價或利潤率更高的產品，以獲取更多的利潤。

- **User Experience, UX（使用者體驗）**：著重在「產品給人的整體觀感與印象」，包括從行銷規劃開始到使用時的情況，也包含程式效能與介面色彩規劃等印象。所以設計師在規劃設計時，不單只是考慮視覺上的美觀清爽而已，還要考慮使用者使用時的所有細節與感受。

- **User Generated Content, UCG（使用者創作內容）**：代表由使用者來創作內容的一種行銷方式，這種聚集網友創作來內容，也算是近年來蔚為風潮的內容行銷手法的一種。

- **User Interface, UI（使用者介面）**：是一種虛擬與現實互換資訊的橋樑，以浩瀚的網際網路資訊來說，UI 是人們真正會使用的部分，它算是一個工具，用來和電腦做溝通，以便讓瀏覽者輕鬆取得網頁上的內容。

- **Video On Demand, VoD（隨選視訊）**：是一種嶄新的視訊服務，透過網路隨選並即時播放影音檔案，並且可以依照個人喜好「隨選隨看」，不受播放權限、時間的約束。

- **Viral Marketing（病毒式行銷）**：身處在數位世界，每個人都是一個媒體中心，可以快速的自製並上傳影片、圖文，行銷如病毒般擴散，並且一傳十、十傳百地快速轉寄這些精心設計的商業訊息，病毒行銷要成功，關鍵是內容必須在「吵雜紛擾」的網路世界脫穎而出，才能成功引爆話題。

- **Virtual Hosting（虛擬主機）**：是網路業者將一台伺服器分割模擬成為很多台的「虛擬」主機，讓很多個客戶共同分享使用，平均分攤成本，也就是請網路業者代管網站的意思，對使用者來說，就可以省去架設及管理主機的麻煩。

- **Virtual Reality Modeling Language, VRML（虛擬實境技術）**：主要是利用電腦模擬產生一個三度空間的虛擬世界，提供使用者關於視覺、聽覺、觸覺等感官的模擬，利用此種語法可以在網頁上建造出一個 3D 的立體模型與立體空間。最大特色在於其互動性與即時反應，可讓設計者或參觀者在電腦中獲得相同的感受，如同身處在真實世界一般，並且可以與場景產生互動，360 度全方位地觀看設計成品。

- **Visibility（廣告能見度）**：指廣告有沒有被網友給看到，也就是確保廣告曝光的有效性，例如以 IAB ／ MRC 所制定的基準，是指影音廣告有 50% 在持續播放過程中至少可被看見兩秒。

- **Webinar**：是指透過網路舉行的專題討論或演講，稱為「網路線上研討會」（Web Seminar 或 Online Seminar），目前多半可以透過社群平台的直播功能，提供演講者與參與者更多互動的新式研討會。

- **Website（網站）**：用來放置網頁（Page）及相關資料的地方，當我們使用工具設計網頁之前，必須先在自己的電腦上建立一個資料夾，用來儲存所設計的網頁檔案，而這個檔案資料夾就稱為「網站資料夾」。

- **Widget Ad**：是一種桌面的小工具，可以在電腦或手機桌面上獨立執行，讓店家花極少的成本，就可迅速匯集超人氣，由於手機具有個人化的優勢，算是目前市場滲透率相當高的行銷裝置。